选对色彩玩转彩妆

摩天文传 编著

U0376221

吉林科学技术出版社

图书在版编目（CIP）数据

选对色彩玩转彩妆 / 摩天文传编著. -- 长春 : 吉
林科学技术出版社，2014.5
　　ISBN 978-7-5384-5607-3

　　Ⅰ．①选… Ⅱ．①摩… Ⅲ．①女性－化妆－基本知识
Ⅳ．①TS974.1

　　中国版本图书馆CIP数据核字(2014)第089552号

选对色彩玩转彩妆

■　■　■　■　■　■

编　　著	摩天文传									
编　　委	韦延海	王彦亮	曹　静	郭　慕	杨　柳	陈　静	赵　珏	李淑芳	简怡纹	陈春春
	黄　琳	邓　琳	梁　莉	杨晓玮	胡婷婷	班虹琳	王慧莲	黄苏曼	宋　丹	顾哲贤
	陈　晨	赵　杨	李　亚	陈奕伶	康璐颖	卢　璐	陆丽娜	胡心悦	张瑞真	

出 版 人　李　梁
选题策划　摩天文传
策划责任编辑　端金香
执行责任编辑　张　超

封面设计　摩天文传
内文设计　摩天文传
开　　本　780mm×1460mm　1/24
字　　数　280千字
印　　张　7
印　　数　1-8000
版　　次　2014年9月第1版
印　　次　2014年9月第1次印刷

出　　版　吉林科学技术出版社
发　　行　吉林科学技术出版社
地　　址　长春市人民大街4646号
邮　　编　130021
发行部电话/传真　0431-85677817　85635177　85651759
　　　　　　　　　　　　85651628　85600611　85670016
储运部电话　0431-86059116
编辑部电话　0431-85642539
网　　址　www.jlstp.net
印　　刷　长春新华印刷集团有限公司
书　　号　ISBN 978-7-5384-5607-3
定　　价　35.00元
如有印装质量问题可寄出版社调换
版权所有　翻印必究　举报电话：0431-85642539

初学者说："我想学化妆但总也化不好。"

彩妆归根到底就是色彩的运用，初学者最难跨越的难关就是化妆的色彩关，只要掌握了彩妆的色彩搭配，整个人就会豁然开朗，在化妆的道路上开拓出一片新的天地。本书会让你有如神助，轻松画出美丽动人的灵动彩妆。

每天化妆的人说："我厌倦了每天一成不变的妆容！"

起床后总是机械地打上黑色眼影、粉色腮红、红色口红……每天都这样一成不变，当然会厌倦！化妆的魅力就在于可以塑造各种不同的自己，而色彩是你化妆百变的源泉。本书会教你大胆地运用各种色彩，塑造一个色彩缤纷的自己。

专业化妆师说："化妆的秘密无非就是色彩运用的美妙搭配。"

专业化妆师为什么能巧妙地幻化出各种不同风格的妆容，而且灵感永不枯竭？因为她们心中都有一个调色盘，只要把不同色彩进行巧妙的搭配，就能举一反三幻化出百变的妆容。专业化妆师比拼的无非就是色彩的运用，而本书会让你成为化妆师中的色彩魔法师。

创作团队说："深入浅出讲解色彩美学，生动活泼教授百变妆容。"

本书由国内最好的女性美容时尚图书创作团队摩天文传所创作，团队中的资深美容编辑将枯燥却无比有用的色彩学理论进行提炼，精选和总结出一条条通俗易懂的色彩搭配法则，再根据亚洲最新潮流资讯进行妆容的设计，精心创作出这本《选对色彩玩转彩妆》，让每个女生都可以运用色彩美学的法则指导化妆，让每个掌握了色彩学法则的女生都可以轻松化出色彩缤纷的妆容，华丽变身成为朋友眼中的彩妆达人。

目录 contents

第一章　春季轻盈薄透的空气裸妆

实用策划

特别策划 - 春季场合妆容

第二章 夏季灿烂多彩的明亮妆容

实用策划

特别策划 - 夏季场合妆容

第三章 秋季多元魅力的质感妆容

第四章　冬季高贵迷人的瞩目妆容

实用策划

● ● ● ● ● ●

特别策划 - 冬季场合妆容

● ● ● ● ● ●

第一章 春季

轻盈薄透的空气裸妆

随着万物复苏的春季的到来，各种户外活动先后提上日程。究竟选择什么样的妆容才最能应和此时的良辰美景呢？不是桃花妆，不是气场妆，而是最朴实的裸妆！别以为裸妆只是寡淡无味的鸡肋妆容！本季裸妆在保留薄透的基础上加入更多的色彩，浅绿、墨绿、桃粉、柠檬黄，梦幻色彩共奏春日赞歌。附带贴心周到的妆容指点，让你轻松应对各式场合。掌握最潮流的配色搭配，华丽转身，从此不当路人甲！

1 春季的底妆要诀

底妆也要"因季制宜"！春季底妆首选保湿型粉底，轻盈薄透是关键，学会聪明运用指腹和海绵会让你事半功倍！

1 挤出一颗黄豆大小的隔离霜，用点、拍的方式均匀涂抹全脸。

2 选择具有保湿功效的粉底，用粉底刷均匀刷上一层轻薄的粉底。

3 用手指蘸取棕色的遮瑕膏，点涂在上下眼睑，淡化黑眼圈。

4 用小号刷子蘸取浅棕色遮瑕膏，点涂在痘印明显的部位。

5 在鼻梁和眉头中央涂抹适量白色高光液，让脸部显得更立体。

6 用大号刷子蘸取深色侧影粉，在鼻子两侧打上侧影。

7 用大号散粉刷均匀刷上一层散粉，全面调整肤色。

8 用干净的海绵轻轻按压脸部，让底妆更服帖持久。

小贴士

巧用指腹和海绵，让春季底妆更轻薄！

在温差较大的春季，底妆容易干燥结块，最好选择具有保湿功效的粉底。用刷子上粉后，在容易卡粉、脱粉的鼻翼、眼角、唇角和下颌处，利用手指的温度在这些部分轻轻按压，可以让底妆变得更服帖。

春季底妆单品推荐

Yves Saint Laurent
超模聚焦感光粉底液

Lancome
清透无油 24 小时持久粉
底液

Benefit
完美无瑕盈氧粉底液

Yves Saint Laurent
年轻妍活粉底液

Guerlain
亲肤修颜粉底

Benefit
无瑕疵粉底霜

Caudalie 矿物粉饼

L'orealParis
绝配无瑕矿物质粉

2 春季的常规用色方案

这个春天，所有缤纷的色彩都在蠢蠢欲动，浅绿、桃粉、柠檬黄、天蓝，以往只有一种主色登场，现在演变为多种颜色并立出现。究竟该怎么化？现在就带你了解其中的秘密！

1. 深浅渐变搭配

想让单色眼影画出新意？试试深浅渐变的同色系组合，打造迷人电眼！比如运用浅蓝和深蓝的渐变搭配，让眼部轮廓呈现立体效果。如果你想要更大胆的尝试，可以试试在中间加上一抹银色，这样的眼影搭配能使眼部闪闪动人。

贴士：先以浅色系打底

选定可以与你肤色融合的浅色系眼影，在眼褶皱处上色，并由眼皮的中间向眼尾、再由眼尾刷向眼皮中间，来回刷匀。如果涂抹得太厚重，可以手指轻轻推散，这样会比较自然。初步打底完成后，再用深色眼影加重眼皮下方的色彩。

2. 相近色遥相呼应

柠檬黄是打造活泼少女妆的首选色彩，不过单一的柠檬黄稚气感过重。不妨试试加入相近的橘色，遥相呼应，让妆容在活泼之余不失大方本色。比如选择柠檬黄色的眼影，腮红和唇彩的颜色就选择能带来亲和力的珊瑚橘。最后再选择浅棕色的眉粉，让整体妆容和谐过渡。

贴士：使用珠光眼影打亮

待整体眼妆完妆后，再使用含有珠光或亮光感的浅色眼影，比如奶油黄或米白色，在眉骨突出的地方轻轻点抹。这么做可以增添整体眼部的轮廓，让双眼看起来更大更有神！

3. 对比色画出复古感

巧用对比色是打造复古妆感的关键所在！平时不敢轻易尝试的墨绿和橘红可以在这个时候大胆尝试！单纯的墨绿色眼影运用不当，容易让气色看起来很暗淡。在眼头处用草绿色提亮，能中和墨绿带来的冷峻感。再搭配橘红色唇膏，不仅更显气色，还能避免"显老"的魔咒。

贴士：选择哑光更显洋气

打造红唇时千万不要选择过于滋润或者有光泽的产品，哑光质地的唇膏会显得更洋气。而橘红色是红色系里面唯一一个可以稍微打造出滋润感的，能够修饰唇部的瑕疵，让性感双唇更诱人，而且还具有神奇的减龄效果。

4. 浅色上阵性感不误

性感妆容只能和浓重色彩挂钩？这么想你就落伍啦！彩妆界有新技巧，就算只是浅色，也能画出性感十足的妆容。关键就在于通透感！唇彩不妨选择轻薄的裸粉，突出弹性质感。用浅淡的嫩绿融合鹅黄，薄薄涂抹一层，让眼部自然呼吸！

贴士：事先做唇膜更加分

果冻唇妆看似简单，却最考验唇部细腻度，而且浅淡的唇彩，比如裸粉、浅粉色，最容易出卖唇部瑕疵。在使用颜色较淡的唇彩前事先敷上唇膜，去除多余角质，能让唇妆更通透性感！即使抹上再轻薄的颜色也不用担心唇部瑕疵。

5. 经典粉紫魅力加倍

春天的美好景色怎可轻易辜负？约会妆的经典粉紫搭配，最容易让魅力加分！紫色的华丽配上粉色的可爱，呈现女性天生的两种气质：可以清纯，也可以魅惑。事先用粉色淡淡涂满眼窝，再用紫色渐变晕染加强眼头部分。

贴士：玫红唇彩巧妙呼应

为了呼应眼妆色彩，此时的唇彩应该选择与粉紫较为接近的玫红色，可以帮助打造渐进般的层次感，让整个妆容看起来更加赏心悦目。注意不要选择过重的玫红色，那会让整个妆容的甜美感大打折扣。

6. 柔和杏粉减龄有道

天蓝色眼妆搭配杏粉色唇妆，是显年轻的关键。想回到18岁，就选择这样的粉嫩搭配吧！眼妆不用面积很大，薄薄一层最适合春天，杏粉色唇彩可突出青春感，在双唇淡淡涂抹一层即可打造少女般的羞涩温柔。

贴士：银色眼影打亮眼头

如果想增添眼妆的层次，在眼头加上些许银色是不错的选择。试试用带有珠光感的银色眼线液轻轻点在眼头部位，这么做既能中和蓝色眼影的冷峻感，又让眼妆更显融合。闪亮的色彩还会让双眼神采奕奕！

7. 缤纷鲜果欢乐满满

提到缤纷鲜果妆，最不容忽视的就是可爱的浅粉和果绿。首先在上眼窝涂浅粉色，打亮整个眼部，让上眼窝处没有阴影感，上眼线和下眼线都选择咖啡色。最后，在上睫毛根部画上一层约2毫米宽的果绿色眼影。

贴士：樱桃唇彩最惹眼

对于色彩缤纷的春季，此时适合使用带有轻盈感的彩妆。在这个季节，唇彩比唇膏要更受欢迎。配鲜果感的唇妆，樱桃红色是首选。切记，涂抹樱桃红色唇彩时要从唇部中央往两侧涂抹，这样打造出来的唇妆会更饱满立体。

8. 蓝紫搭配别样高贵

想要打造出高贵的名媛气质，一定要试试最具时尚气息的蓝紫配色。湖蓝色眼妆搭配牡丹紫唇妆，衬托出沉静、高贵的气质，让东方风情更加神秘莫测。为避免眼妆冷峻感过重，腮红尽量选择柔和一点的色彩，比如桃粉色就是不错的选择。

贴士：扇形腮红更迷人

即使是同一种腮红颜色，画法不同，打造出来的气质也大不一样。圆形腮红显年轻，是减龄的好选择。扇形腮红可以帮助修饰脸型，让脸部看起来更纤瘦。扇形腮红最适合搭配冷色调的眼妆，诱惑迷人的气质呼之欲出。

3 春季最受欢迎的妆容色系

浅绿 比清晨的阳光还要透明的森系裸妆

裸妆可不意味着寡淡无味，活泼的浅绿点缀双眸，让常见的裸妆瞬间不凡！跟随万物复苏的脚步迎接春季到来，用吹弹可破的伪装"素颜"，开启裸妆新风尚！

▲ 双眸间跳跃的浅绿让清新气质扑面而来，比清晨的第一抹阳光还要诱人心魄。

运用跳跃活泼的浅绿色眼影，配合上隐蔽的极细眼线，即刻打造出"会说话"的大眼睛，惹人怜爱。

双颊一抹极淡腮红，伪装出天然好气色。存在感十足的红晕，让气色由内而外透出来。

透明感适度的唇彩让唇部散发迷人光泽，弹力十足的果冻唇让人忍不住想亲吻！

浅绿色系妆容步骤分解

1 选用棕色的眉笔，将缺失的眉毛补齐。

2 用带有珠光的浅绿色眼影晕染上眼睑，提亮双眸。

3 用较浅的黄绿色眼影从眼角开始慢慢向眼头延伸画出渐变的下眼线，从眼角到眼头慢慢减淡眼影色彩。

4 用草绿色哑光眼影晕染上眼角，让眼睛看起来不水肿且有放大眼睛的效果。

5 沿着睫毛根部画一条较细的眼线修整眼型，到眼尾延伸一点即可拉长眼型。

6 选择纤长效果的睫毛膏沿着睫毛根部向上刷。

7 用腮红刷蘸取淡粉色腮红，微笑着横扫脸颊，让肌肤看起来更加透亮。

8 浅粉或者裸色的唇彩会让整个妆容更晶莹剔透。

彩妆单品推荐

Nars
四色腮红盘

Rmk
春日彩妆四色眼影

Ysl
粉色果漾水润唇彩

重点眼妆用色分析

浅绿色

浅绿色珠光眼影能提亮眼窝让双眸更有神。

淡黄色

淡黄色眼影让整个眼妆更完整也不显淡色眼影唐突。

浅棕色

浅棕色内眼线可以打造深邃双眼，统一浅色系眼影。

要点 1: 学会光感搭配

　　想要化出比阳光还要透明的森系眼妆就要注意所有色彩眼影选择，珠光与哑光搭配，如果全是浅色系眼影则会让眼睛看起来更为水肿，相反全是深色系的眼影则让眼神更黯淡无神。

要点 2: 深浅搭配秘诀

　　眼睛全是浅色系的眼影一定要用重色的眼线压盖，且眼线的面积相对其他妆容应该更宽一些，这样才能避免眼睛显得更肿更小的尴尬状态。

要点 3: 加点黄色调和肌肤色

　　其实肤色偏黑的女生也能够运用浅色系的妆容让自己的肌肤白皙起来，少量的珠光颗粒以及暖色系的眼影都能够帮助黯沉的肌肤恢复光泽。

浅绿色系妆容的风格变奏

风格
1

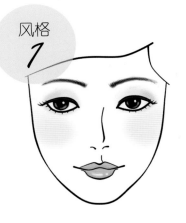

活泼学生妆容

　　脸型偏圆的女生可以使用橘黄色系的腮红，橘色有视觉收敛的效果，且采用扇形画法会修饰脸部线条，让你的脸部看起来立体有轮廓，选择相应色系的橙色唇彩让整个妆容更和谐又不失活泼感。

风格
2

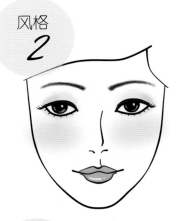

素雅淑女妆容

　　鹅蛋脸几乎是每个女生的梦想，虽然它很完美但搭配错误的彩妆也会让人误以为是最不上镜的"大饼脸"。腮红是改变脸型视觉的重要砝码，所以鹅蛋脸需要横向涂抹腮红，搭配珊瑚色或者淡红色的唇彩让整个妆容素雅清亮。

风格
3

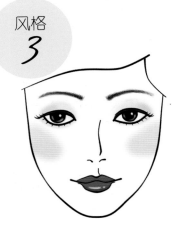

感性熟女妆容

　　一般对于脸大的女生来说，浅色系的妆容暴露缺点的致命伤。但是搭配对了腮红与眼妆，浅色系就能成为瘦脸的制胜法宝。选择与圆脸同样颜色的橘色腮红以"V"型腮红的方式涂抹，配上深色的唇彩让脸部看起来立体又显瘦。

墨绿 突出纯净气质的复古妆容

想要摆脱平时乖乖女的形象，在特殊的日子里给好友一个崭新的印象吗？试试大热的复古妆容吧！酒红容易老成，宝蓝过于高冷，最能衬托肤色的墨绿无疑是最好选择！

▲ 墨绿、橘红、深棕向来都是复古妆容的高频色彩，组合在一起不仅不会突兀，还能给魅力加分，瞬间完成气质变身。

平日不敢入手的墨绿眼影，正是复古眼妆的热选颜色。是时候大胆启用，让气质更出挑，让朋友纷纷绝口称赞。

暗藏亲和力密码的珊瑚橘，能在不经意间提亮肤色，悄悄拉近朋友间的距离。

红唇用法得当让你轻松化身名媛不费力，秘密就在选择年轻感的复古红，避免过重珠光感。

墨绿色系妆容步骤分解

1 用深棕色的眉笔修整眉形，改善整体的精神面貌。

2 选择含有珠光的墨绿色眼影作为基色将上眼睑和下眼睑打底，掩饰皮肤黯沉。

3 用深一号的墨绿色眼影从尾部开始晕染到眼头。

4 可搭配浅黄色眼影从眼头开始提亮，慢慢过渡到眼珠隆起的位置让眼神更亮。

5 用墨绿色的眼影从眼珠下方的部位向眼尾晕染，面积要比打底的眼影小点。

6 可用深蓝或者黑色的眼线笔沿着睫毛根部，画一条较细的眼线。

7 珊瑚红的腮红微笑横扫脸颊，注意面积不要太大。

8 选择复古红的唇彩用唇笔细细描绘精致的唇形。

彩妆单品推荐

Laura Mercier
三色迷你烘焙眼影

Clinique
耀眼眼线膏

Chanel
炫亮魅力口红

重点眼妆用色分析

浅黄色

浅黄色眼影能让整个墨绿色系妆容不那么黯沉。

墨绿色

深一号的墨绿色眼影晕染上下眼睑的后半部分有扩大眼睛的作用。

咖啡棕

下眼影两层叠加让妆容更加细致，眼神更放光。

要点 1: 如何不显肌肤黯沉

墨绿色的眼影比较黯沉，所以要搭配相近色系的淡色眼影来让整个妆容活跃起来，不能搭配灰色黑色等深色系眼影，这样会让眼妆浑浊没用纯净的气质。

要点 2: 唇彩的选定标准

想要表达复古的妆容，复古红唇是必不可少的环节之一，所以纯色一定要选用饱和度较高的唇彩，在上妆前记得要先用粉底液将唇线模糊再上色。

要点 3: 咖啡棕色眼线怎么画

春季妆容的主题是减龄，如果画又长又勾的眼线十分不适合春季粉嫩的色彩妆容，为了让眼线不格格不入，眼线从眼头开始至眼尾 2~3 毫米处结束就好。

墨绿色系的风格变奏

风格
1

复古森系妆容

　　森林色系的墨绿眼妆搭配淡橘色腮红，用横扫的方式涂抹脸颊，给人一种害羞的红晕感，而偏橘色的唇彩衬托干净的肤色，这种纯净透明的感觉能让你像是从森林走出来的天使一样纯净美丽。

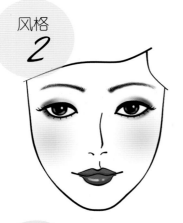

风格
2

复古名媛妆容

　　用墨绿色的眼妆搭配珊瑚红色的腮红与玫瑰红色的唇彩，让人婉约而细致，也不会给人低俗胭脂味的错觉。点式腮红会让颜色在脸颊慢慢晕开，衬托你洁白肤色的同时还给人温文尔雅的名媛气质。

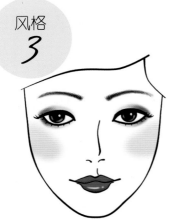

风格
3

复古气场妆容

　　在米兰时装周上的街拍总会发现不少复古妆容的倩影，想要突出气场"Ｖ"型腮红最受用，用偏裸色的腮红能突出肌肤质感且让脸型更立体；而暗橙色的口红与裸色腮红相得益彰，能让整个妆容百搭又有气场。

桃粉 媲美春日桃花的超粉嫩妆效

　　一年当中最浪漫的季节，你打算给他什么样的惊喜？犹豫不决不妨试试香甜如蜜的粉嫩妆！虽然常见，也能画出不一样的新意。最重要的是无论如何都不会出错。

▲单一眼线未免太寻常乏味，想要给你的那个他不一样的惊喜，就试试混搭双眼线。即使不浓墨重彩，也能让他的目光牢牢定格在你身上。

双层眼线，融合黑色的性感和玫红的讨喜，让双眼即刻电力十足，魅力加分。

最能减龄的萝莉粉轻轻一扫，便可为双颊带来自然柔和的光彩，立体感的甜美红晕即刻呈现。

自然的淡粉若有似无，最容易让人显出天然般的好气色，堪比果冻的诱人存在，让人忍不住想要亲吻。

桃粉色系妆容步骤分解

1 用眉粉以及染眉膏将眉毛画成自然的平眉。

2 用珠光淡粉色的眼影打底，提亮眼周黯沉的肌肤。

3 再用哑光的桃红色眼影在眼尾晕染一层，面积比淡粉色的眼影略小。

4 画完内眼线后，再选用桃粉色系的眼线笔在眼珠至眼尾部分画第二条眼线。

5 用化妆棉卸掉唇部多余的油脂以及角质让唇彩更易上妆。

6 选用专用的唇部打底液给唇部打底，让唇彩更易上妆。

7 用手指蘸取桃红色的唇彩，从唇中部分慢慢向外晕染。

8 用大号的腮红刷涂上桃粉色系的腮红即可。

彩妆单品推荐

Banila Co 唇部打底膏

Nars
柔珠眼影笔

Guerlain
莹彩修容双色腮红

重点眼妆用色分析

淡粉色

桃粉色

棕色

用淡粉色眼影来打底，能让双眸更明亮。

桃粉色眼影以叠加涂抹法涂抹，能扩大双眼。

双眼线画法改善眼型的同时还能丰富眼妆色彩。

要点 1: 眼影叠加法

　　深浅桃粉色眼影叠加能够起到扩大眼睛的视觉效果，如果只用浅粉色铺满眼窝，就算加上再宽的眼线也不会让眼睛变得立体有神。

要点 2: 眼线胶要快干

　　春季温度和湿度升高，脸上的皮脂分泌变得旺盛起来，选择快干防晕染的眼线胶会更容易画出干净利落的双眼线，也不会显得眼妆邋遢。

要点 3: 自然型假睫毛要配好

　　桃粉色眼妆有利于打造粉嫩的春季妆容，魅惑型、浓密型的假睫毛都不适用。要搭配上自然形的下睫毛才能让你变得更加粉嫩可人。

桃粉色系妆容的风格变奏

纯净系女神妆容

　　桃粉色系的眼妆增加异性缘，而双眼线的小心机则会让你的双眼电力十足，为了让整个妆容看起来不那么狂野，搭配珊瑚橘色的腮红以及唇彩，能让你瞬间成为女神。

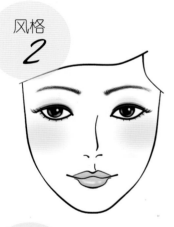

可爱系萝莉妆容

　　当桃粉色系的眼妆遇上淡粉色的唇妆与可爱的浅粉色腮红，会让你的肌肤犹如婴儿般水嫩透明，水平涂抹法的腮红会增添你的可爱度。

成熟系桃花妆容

　　过于粉嫩的色彩可能已经不适合熟女的年龄，可是搭配玫红色的口红以及点式涂法的桃红色腮红会让你更加耐人寻味。

柠檬黄 散发少女气质的活力妆容

　　颜色也有情绪密码，想让自己看起来更有活力，一定要试试有着"快乐因子"称号的柠檬黄！小小一抹色彩，迅速捕捉快乐的表情，让好人缘紧紧跟随在你的左右！

▲柠檬黄和橙色跳起了欢快的交谊舞，还未开口说话，活泼的少女妆早已牢牢摄住他的目光！

柠檬黄的眼影不仅散发出青春活力，还能衬托白皙肤色，让人眼前一亮。

想让自己的双颊如春日阳光一般和煦吗？暖人心脾的橘色必不可少。

拥有好气色魔力的唇膏不仅仅只有蔷薇粉，珊瑚橘也有同样出众的实力。

柠檬黄色系妆容步骤分解

1 将眉毛修整齐，让整个人看起来更精神。

2 选用柠檬黄色眼影打底，画出上眼睑轮廓。

3 用浅棕色眼线膏沿着睫毛根部画出自然的眼线。

4 用橘黄色的眼线笔在下眼睑部分从眼尾画一条眼线至瞳孔正下方结束。

5 用柠檬黄色的眼影从下眼头部位开始与橘黄色的眼线衔接。

6 选用高光笔在眼部"C"区稍微提亮，增亮双眸。

7 用大号腮红刷刷上橙色的腮红，提亮肤色。

8 用同色系的唇彩让整个妆容更加完整。

彩妆单品推荐

Lancome
菁纯透润唇膏

Clinique
耀彩眼线膏

贝玲妃四色蜜粉

重点眼妆用色分析

柠檬黄

柠檬黄本身颜色就很浅，可以选用没有珠光的眼影打底。

橙色

为了提亮肤色与妆容，下眼线加入橘色会更加活泼。

浅棕色

棕色的眼线搭配柠檬黄会让整个眼妆更加精致不唐突。

要点 1: 眼头高光预防肤色黯沉

因为眼影都是哑光的质感，所以眼头加入高光不仅不会让人觉得眼部黯沉还会增亮眼神，但注意高光的位置不能太宽，否则会适得其反。

要点 2: 浅棕色眼线和谐色调

柠檬黄和橙色都是很跳跃的颜色，加入棕色系的眼线调和会让眼妆看上去更为舒服。而棕色眼线在眼尾部分恰好结束则会让妆容更减龄，所以在画眼线的时候要注意眼线的长度。

要点 3: 下假睫毛贴合技巧

下眼睑的假睫毛不需要全副贴满，将它们按组剪开，沿着睫毛根部从眼尾开始贴上，到眼中的位置结束就能够打造无辜感萌眼妆容了。

柠檬黄色系妆容的风格变奏

风格 1

自然亲和妆容

饱和度较低的橙色系腮红以及唇彩会让鲜艳的柠檬黄降一个色调，这样的配色不会让你看起来特别显眼不协调，而会更自然有亲和力。

风格 2

香橙少女妆容

淡橙色的腮红加上高饱和的橙色唇彩配上柠檬黄色眼妆，让你个性十足。如果你的皮肤黝黑健康，这个妆容会更加衬托你的活力与肤色。

风格 3

清新淡雅妆容

如果你不想让柠檬黄妆容那么张力十足，可以配上淡雅的珊瑚橘腮红以及唇彩，采用旋转式的腮红涂法会让轮廓感强的脸型更加柔和。

天蓝 比天空更晴朗透明的少女晴空妆

春日晴空怎可轻易辜负？化身明朗少女不用大费周章，渐变天蓝来帮你！在双眸间画出一片明朗天空，超创意眼妆加分满满，让你在人群中迅速脱颖而出！

▲ 千篇一律的粉色少女妆创意有限？试试加上一抹晴空蓝，和窗外的好天气一争高低。

渐变蓝色眼影演绎出丰富层次，与下眼睑的嫩粉遥相呼应，即刻让双眼熠熠夺目。

比以往稍淡的腮红，配合出挑眼影，反而恰到好处，团状涂抹法打造出逼真的苹果肌！

唇部色彩是裸妆的关键，过浓的色彩会让妆感明显，暴露出心机，浓淡得宜的粉色无疑是最好的选择。

天蓝色系妆容步骤分解

1 用眉笔将缺失的眉毛修齐，且修整好眉形。

2 用浅蓝色的珠光眼影画上眼睑，掩饰眼皮黯沉。

3 选择深一号的天蓝晕染，面积比打底的珠光蓝略小。

4 选用湖蓝眼影代替眼线，沿着睫毛以两端细中间粗这样的形状画出。

5 将假睫毛揉软后分段剪开，再根据眼型贴合使其更加自然。

6 贴下睫毛只需贴到下眼睑的2/3处，不用贴满。

7 用大号腮红刷点取粉色腮红，在苹果肌处上妆。

8 选用蔷薇粉的唇彩让妆容更明朗，肌肤更白皙。

彩妆单品推荐

Laura Mercier 冰凝唇彩

Koji Dolly Wink NO.11 自然纯真

Aerin 花朵腮红

重点眼妆用色分析

深蓝

下眼睑粉色配色会让妆容亮丽活泼，为双眸增彩。

天蓝色

用深蓝色的眼影代替眼线让妆容更和谐，轻易卸妆。

淡粉色

三层渐变眼影的画法让眼妆层次更丰富，也能更活泼。

要点 1：让肌肤不显黄的法宝

　　蓝色系眼影用不好会让亚洲人的皮肤更加显黄，所以选取蓝色眼影的同时最好配上暖色系眼影调和色温，这样不仅丰富眼妆还能调亮我们的肤色。

要点 2：相反色系更活泼

　　因为是浅粉色系的缘故，所以相反色系结合在一起也不会觉得十分唐突，相反会更活泼可爱。故下眼影选择与蓝色相反色系的粉红色眼影，除此之外，还可以换成柠檬黄、橙色等活泼鲜艳的暖色系眼影。

要点 3：天蓝色眼影不能太多

　　因为想要眼神有光且眼睛变大所以才会化妆，但是浅色眼影面积扩大后则会让眼睛看起来泡泡的，形成最不受欢迎的"金鱼眼"，避免这类情况就需要控制天蓝色眼影的用量不能太厚也不能面积太广泛。

天蓝色系妆容的风格变奏

风格
1

户外踏青放松妆容

　　春季是户外踏青的好时节，妆容不能太厚，要让肌肤有足够的空间呼吸，又要色彩明艳，让同行的人看起来更加赏心悦目。所以选用透明质感的淡橘色腮红与口红搭配天蓝色系的眼妆，让你更上镜也更出彩。

风格
2

上班族春季通勤妆容

　　作为上班一族，最重要的是服装与妆容得体，所以太鲜艳的颜色一定不要选，在春日想换换空气的上班族，可以选择粉橘色作为蓝色眼妆的调和色系，勾式腮红涂法会让你看起来更干练更有活力，一定会得到同事的青睐。

风格
3

生日派对亮眼妆容

　　派对妆容最重要的一点就是要亮眼，眼妆的蓝色与粉红配色已经恰到好处，而搭配饱和度较高的橘色腮红会让你成为当晚的主角让大家眼前一亮，这个妆容绝对会吸引所有嘉宾的眼球，这样欢快的配色也会给你的派对活动加分不少。

裸色 美俏一整个春季的果冻裸妆

　　彩妆风尚一变再变，果冻裸妆依旧屹立不倒。明媚春光下，果冻裸妆能让你的整个脸看起来亮晶晶、水汪汪，粉嫩中还透出水果味，让人忍不住想咬一口！

▲以粉色主打的裸妆已经太普通啦！让气质更出挑的橘色也能演绎裸妆的减龄和清纯。

玩转眼线创意，花点心思很有必要！在眼头处打亮，下眼睑只画一半的橘色眼线，眼型更性感！

打破腮红旧日守则，往眼部更靠近些，让脸型更丰满，减龄手到擒来！

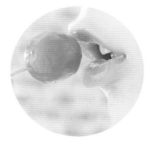

橘色唇膏不仅不会让你陷入"老气"的魔咒，还能让气色十足，秘密就在于要选浅色的！

裸色系妆容步骤分解

1 在画完眉后，用浅棕色的眼线笔修饰眼型。

2 用高光粉在额头处横扫高光，提亮额头肤色。

3 在眼尾周围点上高光，改善眼周黯沉。

4 下巴点上高光能够让脸部更加立体。

5 鼻梁骨上画一条高光可以让鼻子更挺直。

6 选用蔷薇粉色的腮红微笑横扫脸颊。

7 用裸橘色的口红打造诱人的果冻唇色。

8 涂上唇油或者唇蜜让双唇更饱满。

彩妆单品推荐

3ce 果冻滋润唇油

Bobbi Brown
星纱颜彩盘

爱丽小屋
魔幻 3D 高光粉

重点眼妆用色分析

米色

米黄色的珠光眼影打底可以掩饰眼皮肌肤黯沉。

裸粉

搭配蔷薇粉色的眼影晕染开让裸妆更具亲和力。

裸橘色

下眼影搭配黄色系眼影可以增亮双眼又具有无辜眼妆的影子。

要点 1: 裸妆选色技巧

打造裸妆的秘诀在于色彩不能太鲜艳，但也不至于一点色彩也不用。所以在选择眼影的颜色上可以选择较裸的色系，比如米黄、裸粉、淡橘色等眼影，这样可以让妆容看起来清爽自然也不会让肤色过于惨淡。

要点 2: 果冻唇的上妆技巧

因为颜色较为清淡，所以要用粉底液将唇线模糊也遮盖原来的唇色，这样会让口红更容易显色，最后刷上一层晶莹剔透的润唇油就可以让唇部看起来又粉嫩又饱满。

要点 3: 浅色系眼妆需要深色眼线拯救

想要单纯地用浅色系眼影打造大眼妆容实在是异想天开，选用咖啡棕色的眼线与裸色系眼影搭配，既不显突兀，又能改变眼型，达到妆容预想的目的。

裸色系妆容的风格变奏

风格
1

沉稳大方的气质妆容

　　选择偏冷的裸粉色系腮红以及唇彩可以让人显得沉稳大方，不像活跃的纯粉色那样跳跃，这样的妆容十分适合平时上班的时候来化，会给你的影响加分不少。

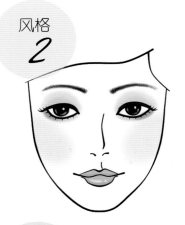

风格
2

幻彩满分活力妆容

　　俏皮的淡粉色腮红搭配裸色唇彩不仅不会让整个妆容看起来色彩太跳跃，还会让人觉得活力十足，在见家长的时候可以选择这样的妆容，大方得体又活力十足。

风格
3

甜蜜柔美的清新妆容

　　和男朋友第一次约会，一定要让给对方留下好印象。浅粉色的腮红以及唇彩会让你看起来温柔甜美、小鸟依人，让人忍不住就想保护。

户外踏青 注重皮肤透明质感的阳光妆容

迎着明媚的阳光出行，皮肤质感稍有不好在阳光底下就会即刻现形！裸妆不难画，画出新意和特色才最难！巧妙运用闪亮的银色珠光眼线液，小小心机，就可以让创意裸妆带来一天的好心情！

要点 1 户外犀利的光线最能检验五官的精致度，在妆容整体较淡的情况下，突出五官的立体感很有必要！在鼻梁处涂抹少许高光液，巧妙增加脸部的立体感，再明亮的光线也不怕。

要点 2 极细的内眼线利落的一气呵成，在眼尾处微微上翘增添了一丝小性感，让你的电眼魅力十足！浅绿色眼线突显青春活力，珠光感银色眼线液点缀下眼睑，打造活泼气质轻松不费力。

要点 3 金色和橘色眼影混搭，让眼部轮廓显得清晰大方。而且浅淡适中的暖色，不仅不会产生距离感，反而给亲和力加分，速速增进好人缘，让你轻松赢得同行伙伴的好感。

▲ 清新的裸妆让脸色立刻变得清透明亮，绿色眼线应和春季生机，让游玩的心情更愉快！

场合妆容步骤分解

1 用淡粉色高光液点在鼻梁处，再用化妆刷轻轻扫匀。

2 用眉刷蘸取棕色的眉粉，沿着眉头往眉尾轻轻刷扫。

3 用眼影刷蘸取橘色眼影，在上眼睑处薄薄刷上一层。

4 在原眼影基础上叠加一层棕色眼影，让眼影层次更丰富。

5 用眼线笔画上浅绿色的内眼线，在眼尾处微微向上拉长。

6 选择具有纤长效果的睫毛膏沿着睫毛根部向上刷。

7 当胶水半干时用镊子夹住卷翘型假睫毛，轻轻贴在睫毛根部。

8 用指腹蘸取适量珊瑚色腮红，沿着颧骨靠后的部位均匀涂抹。

彩妆单品推荐

Bobbi Brown
四色基础眼影盒

MAC 橘色腮红

Benefit
高光修饰液

情人节约会 适度性感的超透明蔷薇裸妆

甜蜜时刻，一抹粉紫让你的肌肤闪耀恋爱光泽。如同蔷薇般的艳丽，让人忍不住想亲吻！想让你的那个他一眼就心动？打造多层次渐变粉紫眼影，给小女人魅力加分！

要点 1 约会妆的眼线不要画得过粗，过粗的眼线容易显得强势犀利。不妨试试紫色极细眼线，在眼尾处微微拉长，让双眼神采奕奕。紫色不仅浪漫，还能增加一丝小小的性感！

要点 2 想让那个他即刻心动？蔷薇粉和神秘紫眼影混搭出梦幻层次感，显得浪漫又甜美。千万要注意眼影的范围不要画得过大，否则就会画出"眼肿"的尴尬。

要点 3 扑闪灵动的假睫毛最能激发男生的保护欲！假睫毛选择有讲究，建议选择眼尾加长，中间浓密的假睫毛。使用前先刷一层薄薄的睫毛膏，等睫毛膏干掉后再用镊子轻轻贴上假睫毛。

▲ 蔷薇粉主打的约会妆容，小女人魅力十足！粉色和紫色混搭眼影，电力十足。

场合妆容步骤分解

1 用棕色的染眉膏沿着修好的眉型依次给两边眉毛均匀上色。

2 用眼影刷蘸取粉色的眼影，在上眼睑处薄薄刷上一层。

3 用眼线笔画出流畅的紫色内眼线，线条要稍微粗些。

4 下眼线同样用紫色眼线笔进行描绘，线条要更细些。

5 用镊子夹住浓密型的假睫毛，轻轻贴在睫毛根部。

6 用镊子辅助，在下眼睑粘上3~4丛剪短的假睫毛。

7 嘴巴微张，选择玫红色的哑光唇膏，均匀涂抹双唇。

8 用中号腮红刷沿着颧骨靠后的地方刷上一层粉色腮红。

彩妆单品推荐

Shiseido
紫色眼线笔

Anna Sui
魔幻诱惑腮红

Dior 四色眼影盒

应聘见习 突出活力和朝气的新人见习妆

▲ 大地色眼影让双眼有神，又不显得过分隆重。自然型假睫毛增添大眼魅力，亲和力无敌！

想在见习的第一天就收获前辈的好感和耐心指导吗？初入职场的见习新人，活力和朝气就是最佳法宝。不要大浓妆，拒绝萝莉妆，清新干净的朝气妆让你轻松赢得周遭好人缘！

要点 1 应聘见习，仿若无妆的裸妆永远都是首选！在底妆产品的选择上，要尽量选择轻薄服帖的粉底液，有润色作用的隔离霜也是不错的选择。色号和肤色相近即可，不要过白。

要点 2 大地色眼影不仅是安全牌，不容易出错，还能突出亲和力，给面试加分。而且大地色眼影适合大多数人，不挑肤色，就算是零基础也能轻松使用！

要点 3 想要向面试官展示你的好状态？好气色腮红不可少！用大号粉刷不仅更服帖，还不显得厚重。腮红最好选择膏状腮红，无粉感，而且容易打造白里透红的好气色。

场合妆容步骤分解

1 在手背上挤出一颗黄豆大小的粉底液，均匀涂抹全脸。

2 用眉刷蘸取深棕色的眉粉，沿着眉头往眉尾轻轻刷扫。

3 用眼影刷蘸取浅棕色的哑光眼影，在上眼睑处薄薄刷上一层。

4 用眼线笔画出流畅的黑色内眼线，线条要画得纤细些。

5 趁自然型假睫毛的胶水半干时用镊子夹住，轻轻贴在睫毛根部。

6 用唇刷薄薄涂上一层珠光感适中的粉色唇彩，然后轻轻抿唇。

7 用指腹蘸取适量橘粉色的腮红，点拍在颧骨靠后的位置。

8 用大号腮红刷轻轻往上刷扫，以此扫去多余的腮红。

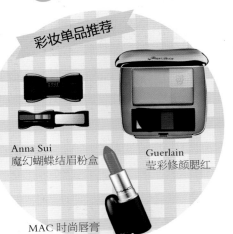

彩妆单品推荐

Anna Sui
魔幻蝴蝶结眉粉盒

Guerlain
莹彩修颜腮红

MAC 时尚唇膏

同学聚会 挖掘另一面的俏皮妆容

参加许久未见的同学聚会，花点小心机很有必要！千篇一律的安全牌妆容毫无新意，是时候加点创意，让温暖的橙色点缀双眸和美唇，挖掘另一面俏皮活泼的你，让同学眼前一亮！

要点 1 金色从未退出过彩妆界的舞台，大胆运用金色眼影，保证让你成为同学中的焦点！让金色不高冷的小秘诀是，加入一些更有亲和力的橘色，制造贴心温暖感。

要点 2 大眼睛会说话！打造浓眉大眼除了精致眼线，假睫毛也是好帮手。选择棕色和黑色混织的浓密型假睫毛，既巧妙呼应眼影和腮红的颜色，又能提亮电眼功力！

要点 3 如果平时不敢尝试出挑的橘色唇膏，同学聚会时不妨大胆使用看看，挖掘出你俏皮可爱的另一面。涂完唇膏后在唇中叠加少许晶莹粉色唇彩，让饱满的双唇更加活泼闪亮！

▲ 大胆运用橘色点亮双眸和唇部，优雅之余突显俏皮活泼的另一面，增加周遭好人缘！

场合妆容步骤分解

1 用眼影刷蘸取金色眼影，在上眼睑处薄薄刷上一层。

2 再叠加一层棕色眼影，让整个眼影的层次更加丰富。

3 用眼线笔画上黑色的内眼线，线条要稍微纤细一些。

4 在眼头处，用橘色的眼线笔进行渲染，以此提亮眼头。

5 用镊子将胶水半干的混织的浓密型假睫毛，轻轻贴在睫毛根部。

6 嘴巴微张，然后选择橘色的哑光唇膏，均匀涂抹双唇。

7 由唇部中央往两侧均匀地刷上一层粉色唇彩，然后轻抿双唇，让上下唇更加均匀。

8 用中号腮红刷沿着颧骨靠后的方向刷上粉色腮红，提亮整体气色。

彩妆单品推荐

MAC 橘色唇膏

Benefit 坏女孩浓黑眼线笔

Kate 金影掠色眼影

春季妆容小问答

问：春季流行轻柔的眼影色，该怎样增加眼影显色度呢？

答：善用打底膏打底能让眼影显色度变漂亮！浪漫轻柔色调的眼影向来就是春季眼妆的热门，不过如果直接使用，往往无法让眼影发挥最佳的显色效果。建议可以先用眼影底膏在眼皮打底，然后再上眼影，这样做不仅可以使色感更加鲜明，而且能维持眼妆的干净度。

问：春季参加户外运动前，怎样化妆才能让眼影更持久？

答：试试看将粉状与膏状眼影叠擦！单纯使用粉状眼影时，往往因为出油脱妆等状况，运动没多久就会发现眼影颜色几乎掉得看不到！可以尝试先擦一层薄薄的膏状眼影，再将粉状眼影堆叠上去，持妆力和显色度都会变得更加出色。

问：春季皮肤干燥，上底妆时往往卡粉严重，该如何改善？

答：保湿到位，卡粉烦恼不再来！春季是皮肤容易干燥缺水的季节，上底妆前最好使用保湿型的化妆水、乳液完成面部初步保养。优先选择具有持久保湿功效的粉底液，而不是较为干燥的粉饼。打底时要把握少量多次的原则，由鼻梁中心点、"人"字左右来回推开，能大大减少卡粉现象。

问：春季皮肤很痒，还能继续化妆吗？

答：如果是因为皮肤干燥引发的干痒，可以在上妆前先敷一片保湿面膜，舒缓面部不适。在进行化妆的时候，要选择具有保湿功效的粉底。如果是因为日照或花粉引起的过敏性干痒，不建议此时进行化妆。对于容易发痒的敏感性肌肤而言，最好选择明确标注低刺激性的温和彩妆品。

问：春季需要防晒吗？粉底液的防晒值选多少才合适？

答：防晒一年四季都不能少！随着春天的气息渐渐浓厚，阳光也逐日强烈起来。想要无拘无束的在阳光下嬉戏，在化妆的第一步就做好防晒功课很有必要。不过，春日的日照没有夏季强烈，只是用在上下班的情况下，选择防晒值在 15~25 的粉底液是比较合适的。

问：眼周在春季特别容易敏感，如何画出不刺激的眼妆？

答：春季化眼妆时，尽量少化浓妆，而且不要太靠近眼球。化眼妆时应闭上眼睛，防止化妆品溅入眼内。如果化妆品不慎溅入眼内或眼睛出现不适，应立即用自来水反复冲洗眼睛，然后用热毛巾敷眼或用水蒸气蒸眼，可以大大缓解眼部不适。

问：面对春季大热的粉色唇膏，怎样上色才更有质感？

答：事先要做好护唇、润唇的工作，然后用唇线笔仔细勾画唇形轮廓。可以适当向外描画，以求更加圆润饱满的效果。用粉色唇膏上色时，在轮廓内填色即可。如果想要追求更具质感的哑光效果，可以在上色之后，用纸巾轻轻抿掉一层唇膏，这样出来的桃粉色，会更加纯粹。

问：春季备受春困困扰，如何借助彩妆提升气色？

答：尝试使用橘色腮红！橘色腮红能够帮助调整肤色，营造出红润的自然光泽，展现你的自然好气色，透出肌肤的健康质感。另外，橘色还是有亲和力的颜色，能够让人感觉到你的阳光和快乐气息。就在这个春天，让橘色腮红妆点双颊，让你神采奕奕！

问：面对春困造成的黑眼圈，要怎样遮瑕才能盖掉？

答：面对春困造成的黑眼圈，只要学会彩妆技巧，就轻松遮掩。方法很简单：从眼下靠近内眼角的位置开始用小号化妆刷抹上遮瑕液，在黑眼圈结束位置中止（通常这个位置在眼睛下方中央处）。然后用手指指腹将遮瑕液推开，最后在上面轻扫一层散粉进行定妆。

问：春季容易没精打采，有什么诀窍可以显得更精神？

答：春天应该给人清新、活力的感觉，因此浅粉色的妆容再合适不过了。脸部的妆容重点在于双颊的自然红润，为了使腮红颜色不单一，在鼻梁和下巴处，以及额头中央刷扫一层高光粉，不仅能让整个妆容生动立体，最重要的是会显得更加精神十足！

问：春季脸部干到脱皮，怎样上妆可以改善脱皮？

答：通常，干燥的肌肤在上完底妆后大多会在眉头、鼻翼、嘴角以及眼睛下方出现脱皮，这时可以沾取少量日常使用的乳液与粉底霜混合，然后均匀地涂抹在脱皮的干燥部位。手势一定要轻柔，切记不要来回地揉搓，这样做很快就能改善脱皮现象。

问：硬朗的妆容在春季格格不入，怎样能让妆容显得更柔和？

答：用带有微微珠光感的粉底液上妆，是打造柔和质感底妆的首选。珠光能在脸上产生镜面作用，从而帮助隐藏细纹、小瑕疵，让脸部的光泽看起来更加柔和细腻。画好底妆后，用温热的双手在两颊捂上 30 秒，还能制造出浪漫的"雾感"。

第二章 夏季
灿烂多彩的明亮妆容

　　灿烂夏日，一抹出挑的色彩让你与阳光一同嬉戏。夏季明亮妆容该如何打造？速速释放小宇宙的创意活力！大胆刷上暖色腮红，让气色瞬间提升。让眉型清晰，让睫毛浓密，让双眸含笑。再用高光让肌肤神采奕奕，闪耀身旁的那个他！在那些特别的日子里，随手拈一笔橙色、玫红或湖蓝，让当季的热捧颜色，为青春加油喝彩！

1 夏季的底妆要诀

面对气候渐渐炎热的夏季，必须时刻做好防花妆的准备。这时，各种兼具防水和控油功效的底妆产品是最好的选择。

1 挤出一颗黄豆大小的隔离霜，然后用点拍的方式均匀涂抹全脸。

2 选择具有控油功效的粉底液，用指腹推开，均匀涂抹于全脸。

3 选择深色的遮瑕液，点涂在痘印、黑眼圈等瑕疵明显的部位。

4 在鼻梁处点上浅粉色高光，用刷子刷匀，让脸部显得更立体。

5 选择深棕色的眉粉，然后沿眉头往眉尾处轻轻刷上眉粉。

6 用指腹蘸取适量的珊瑚色腮红，点涂在颧骨靠后的部位。

7 用大号散粉刷轻轻刷上一层散粉，让整个妆容更柔和。

8 嘴巴微张，然后用肉粉色的哑光唇膏，均匀涂抹双唇。

小贴士

打起防水控油保卫战，让夏季底妆更持久！

夏天气候炎热，皮肤湿润且爱出油。因此底妆宜选用具有防水功效的产品，以免被汗水冲掉。不要用膏状粉底和液状粉底，这两种粉底容易使皮肤看上去显得油腻。最好使用粉状或乳液状粉底，可以控制汗水，防止冲花妆面。

Shiseido
无油哑光粉饼

Dior
清透光裸保湿粉饼

L'orealParis
16 小时不脱色粉底液

Stila 高清 BB 霜

Shiseido 至美粉底液

Dior
凝脂亲肤清透粉底液

Elizabeth Arden
超滑无瑕清透粉饼

Yves Saint Laurent
持效贴脸粉底液

2 夏季的常规用色方案

步入夏天，鲜果般缤纷的色彩开始隆重登场。森绿、宝蓝、橘红、玫紫，闪耀出活力光泽，相互交错融合，谱出一曲夏日欢乐颂。究竟该怎么搭配？现在就让你见识色彩的魅力！

1. 交错绿蓝悦心悦目

眼睑上无论是由蓝色至绿色的国度，还是绿色至蓝色的国度，一切都那么舒服自然，犹如森林，大海和蓝天的组合，纯净而又幽静。最后，再配合一层浅橙色的唇彩，尽显舒适自在的森系风格。如同夏日午后吹来的习习凉风，让人心旷神怡。

贴士：适当晕染更迷人

想要打造清透的雾感妆容，就一定要学会适度晕染。先用绿色眼影大面积晕染眼部，再于贴近眼皮的地方用眼影刷均匀刷上蓝色眼影，注意不要忽略下眼皮。这么做能让整个眼妆更具神秘气息，魅力十足！

2. 神秘绿棕时尚无敌

绿色和淡棕色可是时下最潮流的妆容配色！用裸色唇膏与其配色，能在不经意间流露出神秘的时尚气质。先将墨绿色眼影以烟熏的方式晕染整个眼窝，然后在眉头下方用深浅渐变的手法涂抹棕色眼影，带有异域风情的时尚眼妆，定能让你成为众人焦点！

贴士：珠光裸色更惊艳

别以为裸色只会让你死气沉沉！大热的裸色唇膏，能回归双唇天然质感，让人惊艳于本色的饱满双唇，在鲜艳的唇色中轻松脱颖而出！挑选裸色唇膏时，最好选择带有珠光感的裸色唇膏，闪亮的质感能让你的双唇更加迷人！

3. 跳跃蓝黄明朗多姿

黄色和蓝色的眼妆搭配，能带来清新凉爽的感觉，犹如夏日习习的凉风，吹来少女般明朗的情怀。可以先用眼影刷蘸取眼影，然后刷在手背上进行试色，调整好浓淡后再轻涂到眼皮上。

贴士：棕色娥眉提气质

比起保守的黑色，柔和的棕色眉毛，更适合搭配出挑的蓝黄眼妆。在打造眉毛造型时，可以事先用眉笔轻轻勾勒出眉毛的轮廓，然后用棕色的染眉膏沿着眉头轻轻刷扫眉毛，这样刷染出来的颜色更加柔和，也更显气质！

4. 复古橘绿格外出彩

新鲜的橘色成为时尚关注的焦点，与深绿同时配搭，最后再配合水晶般璀璨的橘色唇彩，会令整个妆容轻快融合，辉煌灿烂。此时，再刷上一层含有珠光感的暖粉色腮红，跳跃的色彩组合加上 Bling-Bling 的妆感，让你格外出彩！

贴士：高光妆点更闪亮

出挑的对比色彩十分考验五官的立体度，对自己五官不是很满意的女生，也千万别因此而泄气。巧用高光妆点，打造立体感轻松不费力。在完成底妆后，用浅粉色的高光在鼻梁、下巴、眉头中央轻扫，能让你的脸庞更加精致立体。

5. 迷情绿紫电力满格

清澈的浅绿色与迷人的淡紫色搭配，能够表现出女性的魅力与清纯。配合上透明的玫粉色唇彩，华丽而不失简洁。用淡淡的贝壳白突出下眼睑，能让眼部轮廓更加立体迷人！扑闪的精致双眼，让你的电力即刻升级！

贴士：下眼睑不容忽视

在画眼妆时，如果在下眼睑处下些功夫，能够令整个眼妆起到不一样的效果。用淡淡的贝壳白眼影从眼睑后段二分之一的地方开始向眼尾的方向刷，利用眼影的光泽感提升眼部的立体感，还能让双眼显得楚楚动人。

6. 蓝粉交融肌肤清透

用湖蓝色眼妆搭配裸粉色唇妆，可以令肌肤呈现空气般的透明感，带来柔和的明媚气色，比较适合皮肤不够通透的女生，描画唇妆的时候，应该以薄透为主。用唇线笔描画唇形之后，将裸粉色的唇蜜涂满双唇即可。

贴士：事先遮瑕更清透

相比高贵神秘的宝蓝色，湖蓝色比较清澈柔和，同时对皮肤清透度要求很高。如果眼部有黑眼圈等瑕疵，最好先用遮瑕膏涂抹眼周，淡化眼部瑕疵。然后再刷扫湖蓝色粉底，能让眼妆色彩更清透柔和。

7. 粉橘搭配柔情满溢

能够展现出女性的柔情与羞涩，最是那一低头的温柔。明快的橘色和柔嫩的粉色组合，让人忍不住心生呵护的感觉。经过晕染的橘色，糅合着淡淡的粉调，反射出夏日被释放的柔情蜜意。在眼尾加上一抹湖蓝，让整个妆容更明亮！

贴士：上翘眼尾更玲珑

想要拥有年轻态的眼妆，无需在色彩上下苦功。在眼尾处加上小小心思，也能带来玲珑活力！完成初步眼妆后，用湖蓝色的眼影在眼尾处画出一条上翘的"小尾巴"，能塑造小动物般的玲珑活力！

8. 炫目金橘活力无限

和夏日阳光一同嬉戏，活力金橘奋勇当先！金色和橘色混搭是安全稳妥的眼影配色，闪亮的金色令双眼即刻变得神采奕奕。双色混搭，让眼妆的层次感来得更加鲜明。在笑肌最高点，刷上一层轻薄的珊瑚色腮红，整个妆容看起来明快又欢畅。

贴士：浅橘避免肿胀感

大热的橘色虽然不挑肤色，但对色彩浓淡要求很高。过重的橘色会让眼睛有肿胀感，容易显得无神。轻薄的浅橘色才能打造雾感般柔和。如果拿捏不准色彩的浓淡，可以事先把眼影涂抹在手背上，调好色彩后再用眼影刷进行涂抹。

3 夏季最受欢迎的妆容色系

橙色 与阳光嬉戏的亮橙妆容

■ ■ ■ ■ ■

　　爱马仕的至高地位让橙色一举成为潮流的热门颜色，不仅箱包如此，彩妆界也同样欢迎橙色的存在。和阳光一同尽情嬉戏，要有十足满满的活力，就让橙色为你加油打气！

▲ 存在感十足的橙色带来夏日无限活力，独具创意的晒伤腮红妆让人眼前一亮！

大胆运用最热门的橘色眼线，在眼尾处上扬，制造小野猫一般的慵懒性感。

横刷腮红，连贯全脸，制造如同晒伤的即视感，让橙色的活跃来得更猛烈。

饱满的橘色哑光唇膏，一举衬托白皙如雪的肤色，还有隐蔽的丰唇效果。

橙色系妆容步骤分解

1 用带有珠光的浅橙色眼影打底，提亮双眼。

2 画完内眼线后，用橙色的眼线笔从眼珠的位置往眼尾画一条稍微上扬的眼线。

3 用橙色眼影在下眼中部正对着瞳孔的位置画两个稍微细长的点。

4 再用白色珠光眼影或者高光粉提亮眼头。

5 选用橘色腮红先在鼻锋处画一条横线。

6 再从鼻锋开始往左脸颊将腮红画成约"一"字形。

7 晕染好左脸后右脸以同样的方式画出腮红，注意鼻锋的腮红要比两边的略深一点。

8 涂上橙色唇彩就能够让妆容更完整，肤色更白皙。

彩妆单品推荐

3CE
橘色性感时尚唇彩

Cerro Qreen
五色粉底盘

Maybelline
色彩印记眼影膏

重点眼妆用色分析

淡橙色

橙色

棕色

淡橙色眼影打底让双眼比夏季的太阳更加闪亮。

眼珠下橘色小圆点让眼睛更可爱动人。

棕色和橙色一长一短眼线配合，扩大双眼且增加眼妆层次感。

要点 1: 眼线笔色彩挑选秘诀

想要画出与阳光一样亮橙的橙色妆容，重点在于眼妆的色彩搭配，同样是橙色系的眼影与眼线笔需要用深棕色或者黑色的眼线压低眼妆的色彩明度，不然会使得眼皮略显水肿。

要点 2: 眼珠下方小泪点大小很重要

晒伤腮红加上惹人怜的小泪点眼妆，会让你可爱度直升。在画泪点的时候要注意眼珠与泪点的对齐，这样才能打造超萌无辜泪眼。

要点 3: 橙色眼线长度要适宜

橙色眼线超出棕色眼线 2~3 毫米即可，如果长了往往适得其反，难免会像概念妆容一样，很难驾驭得了。

橙色系妆容的风格变奏

风格
1

另类未来妆容

接近相反色系的妆容配色一定是一个新鲜的尝试。橙黄色系的眼妆与腮红搭配糖果紫的唇彩这样强烈的反差感营造出一种另类的未来感，夏日出门配上一副金属感的墨镜更让你个性十足。

风格
2

香橙少女妆容

深浅橙色眼妆能让双眼散发出难以抗拒的活力感，夏季想要夺人眼球就需要用平时不敢用的高饱和度眼影、浓密的睫毛以及橙色腮红，夏季将丸子头顶在头上搭配橙色妆容活泼又减龄。

风格
3

净透甜美妆容

干净透亮的橙色眼妆遇到蜜桃色系的粉唇，这样的暖色系在夏日十分受欢迎，没有其他彩妆的撞色搭配却也娴静甜美，夏日与男友约会就选这个妆容最能抓住他的心了！

玫红 灼灼其华的明媚花朵妆容

初夏的好时光怎可轻易辜负？和明媚夏日一同欢畅，再也没有比玫红更适合的颜色了。那一抹灼灼其华的色彩足够打动人心，也能让人眼前一亮，小女人般的娇艳如花更是永不过时！

▲ 气色救星当属百搭的玫红色，气色不佳的日子里，淡扫几笔即可迅速恢复红润。

眼妆再添新创意！眼头以银色打亮，眼尾处大加渲染，比传统画法更甜美！

过浓的玫红色腮红容易沦为"猴屁股"，若有似无地薄薄刷上一层才清透明媚。

玫红色唇膏刷饱满才最好看。采取层叠上色的方式，是让双唇饱满的关键。

玫红色系妆容步骤分解

1 用浅驼色系带有珠光的眼影打底，提亮眼窝。

2 选择玫红色的眼影晕染眼尾，注意面积不能超过上眼皮的1/3。

3 下眼尾采用同样的方式晕染，长度要比上眼尾的稍短一些。

4 可用深紫色或者棕色眼线笔描绘眼线，长度比眼影晕染的位置略短。

5 在眼头打上高光让双眼更加有神、更加明亮。

6 选择自然纤翘型的假睫毛搭配玫红色眼妆。

7 比玫红略浅芭比粉的腮红不会抢了眼妆的风头且更突出肤色的白皙。

8 选用玫红色的口红或者唇彩沿着唇形上妆。

彩妆单品推荐

CHANEL
透亮唇膏

Guerlain
莹彩修容双色腮红

Nars
柔珠玫红眼影笔

59

重点眼妆用色分析

浅玫红

上眼尾眼影晕染面积稍微扩散能够让眼睛更深邃。

棕色

棕色眼线压暗眼妆色彩预防双眼水肿。

玫红

下眼尾用深一号的玫红色眼影才能与上眼皮拉开层次，视觉上更丰富。

要点 1: 眼尾眼影晕染要注意

要注意眼尾眼影的大小才能画出与花朵一样魅惑的眼妆，如果色彩眼影面积太大难免会像舞台妆容一样难以出门。

要点 2: 一定要选择防水型产品勾画眼线

中间的眼线，一定要选择防水的眼线笔或者眼线膏来勾画。因为夏季容易出汗，汗渍会弄脏干净的眼妆，让双眼无神，整个人也显得邋遢。

要点 3: 彩色眼影的选择要诀

除了打底的浅色眼影外，用于晕染眼尾的眼影尽量选择几乎无珠光颗粒的玫红色眼影，这样才能够打造炯炯有神的美眸。

玫红色系妆容的风格变奏

风格
1

蜜桃芭比妆容

　　像蜜桃一样水嫩的妆容少不了淡色的腮红，浅芭比粉腮红不仅能保留双颊的光泽感，更显肌肤净透嫩白。有如芭比一样的彩妆不需要太多颜色，搭配玫红色的眼妆以及唇彩就能轻松打造甜美公主的印象。

风格
2

娇美桃花妆容

　　米色的腮红与粉色有着不一样的风情，米色相对粉色更为低调成熟，能营造完美的蛋肌。而它配上玫红色的眼妆与桃红色的唇，就像花朵一样娇艳，让异性忍不住多看几眼的彩妆它算一个。

风格
3

轻盈水漾妆容

　　玫红色眼妆色彩饱和度十足，如果不想那么抢眼可以选择裸色系的腮红，悄悄地打在笑肌更上一点的位置，这样让暗色的腮红打在脸上不仅不显双颊垂坠还会起到提拉的效果，加上珊瑚橘的唇彩，轻松减龄。

湖蓝　突出眼睛里的一汪清泉

　　形容眼神清澈最贴切的比喻莫过于——好像湛蓝的一汪清泉。湖蓝有个独特的魔力：只要加上一抹，脸庞便会安静下来。看腻了各种缤纷妖娆，是时候做一日文静少女了。

▲湖蓝搭配草绿，呈现出十足的活力，唇部一抹桃粉，誓将青春进行到底！

眼头、眼尾、下眼睑分区使用绚丽的银色、湖蓝和草绿眼影，奏出一曲活泼的交响曲。

比以往更靠眼尾的斜刷腮红，烘托眼妆的创意十足并能巧妙减龄。

在眼妆色彩丰富的前提下，唇妆不宜过于浓重。浅浅一抹桃粉，恰到好处。

湖蓝色系妆容步骤分解

1 用浅蓝色的眼影铺满眼窝，提亮双眸。

2 用湖蓝色晕染眼尾，面积不可太大。

3 选择柠檬黄眼影提亮下眼睑。

4 沿着睫毛根部画出细眼线在眼尾稍微勾起。

5 用绿色的眼影笔晕染下眼睑，让黄色眼影不那么突兀。

6 打亮眼头，营造眼睛水汪汪的效果。

7 给鼻子打高光，让鼻骨更显挺拔。

8 选择带有防晒功能的粉色唇彩给唇部上色。

彩妆单品推荐

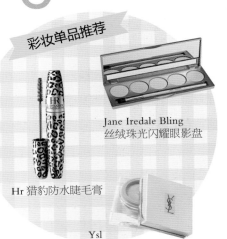

Jane Iredale Bling
丝绒珠光闪耀眼影盘

Hr 猎豹防水睫毛膏

Ysl
莹润柔滑哑光胭脂霜

重点眼妆用色分析

浅蓝

浅蓝色打底可以掩饰眼部肌肤黯沉。

湖蓝

湖蓝色眼影占眼影总面积的30%，能够有效地掩饰眼部水肿。

浅绿

下眼睑黄色加绿色搭配提亮眼尾色彩让眼妆不再单调。

要点 1: 湖蓝眼妆用色须知

想要搭配夏季流行的印花上衣，呈现活泼又摩登的流行气息，选择具透明感的蓝色眼妆准没错。不过要注意用色的比例，如果色彩太多则会显得眼睛水肿细小，所以湖蓝的眼影不要铺满整个眼窝。

要点 2: 双色眼影调和更和谐

柠檬黄与湖蓝本为相反色系，将它们搭配在一起，会显得突兀。把二者调和成中间色，不仅具有提亮双眼的效果，还能消除相反色之间的不协调。

要点 3: 深浅两色搭配打造大眼

眼头浅，眼尾深这样的配合可以让细长的眼睛瞬间变成有神的大眼。其实只需将深色眼影晕染到上眼皮的 1/3 处即可，不需要整个眼窝都晕染开来。

湖蓝色系妆容的风格变奏

■ ■ ■ ■ ■ ■

风格
1

氧气淑女妆容

淡淡的蓝色眼妆足以让人看了心情晴空万里，搭配同样是浅色的芭比粉腮红以及甜橙唇彩，这样的配色一定会让你的肌肤晶莹剔透，就像吸足了氧气的丛林一样清新淡雅，夏日不想浓妆艳抹的你值得一试。

风格
2

明朗云朵妆容

选择非常纯正的粉色腮红与湖蓝色的眼妆搭配是一个非常大胆的尝试，如果你怕纯粉色有点突兀，可以加入一些高光质感的蜜粉调和一下，如米色或者古铜色，就会让妆容不唐突还有完美的衔接。

风格
3

俏皮精灵妆容

纯度很高的湖蓝与朱红相遇难免会有些格格不入，可中间加入蔷薇粉腮红调和，明亮的蓝色眼妆打造出萌系大眼，而艳丽的红唇与含羞的腮红则会让你有种精灵的气质，有几分俏皮与可爱。

西瓜红 带有热带风情的鲜果缤纷妆容

少了西瓜的夏季怎么还能叫夏季呢？！热爱西瓜的你同样不可错过最具代表性的西瓜红。色彩特点一如既往的鲜明：最大化衬托肤色白皙，妆点满满的夏日活力！

▲缤纷色彩带来浓浓的夏日风情，让人过目难忘。气色西瓜红，让娇俏美妆散发迷人红晕！

柠檬黄、玫红、草绿，三色上阵的缤纷眼影带来夏日鲜果般的活力，让心情在阳光下舞蹈。

刷对腮红也能隐藏年龄！采用画圆圈的方法刷扫腮红，减龄效果一级棒！

莹润的西瓜红唇彩，只需薄薄刷上一层，瞬间就让唇色变得鲜艳动人！

1 用珍珠白的浅色眼影打底，铺满眼窝。

2 用较大的眼影刷将西瓜红的眼影打在眼褶上，靠近眼中的面积要大于眼头与眼尾。

3 用小号的眼影笔将西瓜红的眼影在眼尾拉长，形成一个微翘的眼线。

4 在下眼睑的尾部晕染上草绿色眼影。

5 眼头用柠檬黄眼影打亮，让眼妆更甜美。

6 可以用带有微荧光粉的腮红以点涂法打腮红，提亮肤色。

7 可以选择有防晒功能的橘红色口红。

8 最后再上一层唇蜜就能画出楚楚动人的果冻唇。

彩妆单品推荐

Mac Baking Beauties
系列高光腮红

Laura Mercier
眼部遮瑕眼影两用霜

Sephora
彩妆盒

重点眼妆用色分析

柠檬黄

眼头黄色珠光眼影打破红配绿的僵局，让它们更加协和。

草绿

草绿色的下眼影让你的眼睛和西瓜一样清澈水灵。

西瓜红

小面积的西瓜红眼影显得眼妆干净利落且活泼俏皮。

要点 1: 深色系眼线平衡跳动色彩

　　这样色彩缤纷的眼妆需要一条深色眼线压住它的色彩，不然会让眼睛像金鱼眼一样水肿，如果是内双或者单眼皮的女生可根据实际情况来调整眼线的面积大小从而达到增大双眼的效果。

要点 2: 黄色眼头让妆容更活跃

　　是不是对一成不变的用白色高光提亮眼头的招数有点腻了？试试柠檬黄色眼影点亮眼头会有意想不到的效果，不仅能够提亮双眸，还能够让你更活泼。

要点 3: 融入草绿大玩撞色风

　　下眼影选择如西瓜皮一样清爽的草绿色让你的眼睛和西瓜一样水灵灵的，因为增添了柠檬黄以及咖啡棕调和，所以绿和红这样的相反色才可以和谐相处，让眼妆不唐突。

西瓜红色系妆容的风格变奏

风格 1

诱人莓果妆容

　　莓果色是今年流行的色彩，用这个色系的腮红与唇彩搭配缤纷西瓜色眼妆一定会让这个夏天十分出"彩"，无论是搭配 T 恤、短裙、雪纺都不会觉得奇怪，是一种十分百搭的夏季妆容。

风格 2

可口西瓜妆容

　　如果西瓜红的眼妆配上烈焰红唇，这样的视觉效果难免会让夏季感觉更加炎热，想要在妆容上面加分就得做色彩减温法，浅色的草莓粉腮红与唇彩会降温不少，让看到你的人都觉得清凉舒服。

风格 3

魅惑蓝莓妆容

　　紫色总会给人神秘浪漫的感情色彩，它搭配西瓜红眼妆则给人一种冷艳的美感，加上裸米色的腮红，在收敛脸型的同时也会增添几分成熟冷静的美感，这样的组合虽然时尚前卫，但冷静的配色则更显沉稳。

珊瑚色 让人心动的诱惑系美妆

持续流行的珊瑚色是衬托气色的好帮手，比起正红的美艳霸道，橘色彩妆适应性更广，美丽毫不逊色。

▲ 在出挑橘色的烘托下，肤色看起来更白皙，气色也更健康，深浅不同的橘色构成丰富的层次感，让人越看越喜欢。

在眼尾岔开眼线，画出如同"鱼尾"的交叉线条，双眼看起来更加灵动活泼！

浅橘色腮红让两颊透出健康自然的好气色，圆圈式的涂抹范围减龄效果一级棒！

鲜红色的嘴唇美艳诱人，却不是任何人都能完美驾驭，同样是红色调，但珊瑚色更显柔和，适用性更强。

珊瑚色系妆容步骤分解

1 用裸珊瑚色眼影打底，提亮眼部肤色。

2 用珊瑚橘色眼线笔画出双飞眼线，上方的眼线要比下方的略长。

3 在眼头用带有珠光的珊瑚色提亮眼头。

4 用眼部遮瑕膏将眼周黯沉的地方全部修整一遍。

5 选择珊瑚色的眼影在下眼中的位置画一条细线。

6 贴上浓密纤长型眼睫毛，在贴之前注意揉软假睫毛根部。

7 微笑着从下至上涂上腮红，让肤色更红润。

8 选择透明度高的口红搭配珊瑚色系妆容更完美。

彩妆单品推荐

Maybelline
矿物水感亲肤腮红

Chanel 四色眼影

Eylure 凯蒂佩里系列
交叉款假眼睫毛

重点眼妆用色分析

浅珊瑚

浅珊瑚色眼影铺满眼窝能掩饰眼周肤色黯沉。

深棕色

深棕色的眼线搭配珊瑚色让亚洲人的肤色不那么显黄。

珊瑚橘

珊瑚色双飞眼线有扩散视觉的效果，让双眼变大。

要点 1: 珊瑚色用量要把控

珊瑚色用太多其实并不适合亚洲人的肤色，想用珊瑚色画出白皙通透的肤质，就必须控制饱和度高的珊瑚色用量，不能面积太大也不能太厚，这样才能达到你想要的目的。

要点 2: 画珊瑚橘色的眼线要点

双飞类型的眼线不能画得太长也不能画得太飞，否则会让你的亲切度消失不见。最保险的方法就是根据内眼线的长度将第一根眼线稍微延长 2~3 毫米，第二根眼线则以 15~30°角向上提一些即可。

要点 3: 咖啡棕色眼线这样画最年轻

咖啡棕色的眼线除了可以扩大双眼，画得妙还能够适当减龄。想要达到减龄效果就不能将眼线画得太细长，沿着睫毛根部画完再延长 3~5 毫米这样的长度可以轻松为你的年龄做减法。

珊瑚色系妆容的风格变奏

风格
1

粉彩柔美妆容

　　珊瑚色是非常有女人味的一种颜色，有着女性的柔美感，它搭配粉嫩的纯色与接近裸色的腮红尽显女性的温柔一面，勾式腮红的涂法可以拉长脸部线条，让脸型更精致。

风格
2

沁凉清裸妆容

　　如果夏日不想大玩撞色风潮，可以试试清新素雅的裸妆，深浅珊瑚色就可以轻松打造人人羡慕的蛋肌，配上米色腮红以点涂法来上妆，不仅柔化脸部棱角还可以让黯沉的肌肤光润通透。

风格
3

婉约淑女妆容

　　用浅珊瑚色打造超自然的裸眼妆效果，搭配再浅一色号的腮红，以大化妆刷用画圈的方法大面积晕染，使整个气色像从肌底透出来一样，不要搭配正红或者复古红的口红，选择偏橘红的唇彩搭配这个妆容更佳。

淡紫 即使淡雅也夺目的女神妆容

　　偷师女神最爱的妆容诀窍，万万少不了淡雅的浅紫色！比起浅粉色的无辜甜美，浅紫色多了一份优雅淡定，如同薰衣草花海般诱人，不动声色之余早已悄悄成就"万人迷"！

▲ 浅粉色和银色的加盟，让浅紫的淡雅来得更有层次感，女神般的优雅视觉即刻呈现！

在下眼睑处粘上 3～5 丛剪短的假睫毛，轻松打造电力十足的诱人大眼！

和眼妆遥相呼应的嫩粉色腮红，晕出天然的好气色，让好感度加分！

事先勾勒自然感的唇线，然后再刷扫唇膏，能让纤薄的双唇变得更饱满立体。

淡紫色系妆容步骤分解

■ ■ ■ ■ ■ ■

1 选择淡紫色的珠光眼影铺满眼窝，让双眼有神。

2 搭配珊瑚粉的眼影从眼尾处至眼中晕染呈现一个细长的三角形。

3 用淡紫色的眼影晕染下眼睑，提亮眼周肤色。

4 用较平的眼影刷蘸取珍珠白眼影在卧蚕位置提亮，突出卧蚕。

5 用高光笔点亮眼头，在提亮肌肤的同时拉高突出鼻梁。

6 将假睫毛剪开，下睫毛以粗 - 细 - 粗这样的排列顺序贴上。

7 选择大刷微笑着在笑肌上以横扫的方式画上腮红。

8 用较细的唇笔点取玫瑰粉的唇彩慢慢沿着唇线描绘。

彩妆单品推荐

Bobbi Brown
新娘眼影盘

Burberry
自然唇彩

Lancome
梦魅巨星璀璨睫毛膏

重点眼妆用色分析

淡紫色

珊瑚粉

深棕色

淡淡的紫色作为基色打底，能够遮掩眼周黯沉的肌肤。

珊瑚粉能够让暗黄的肤色瞬间变得白皙通透。

深棕色的眼线能够调和色彩，也能起到放大眼睛的功效。

要点 1: 淡紫色眼影的选择

不要以为所有的淡紫色都能用来打底，如果选择比较灰且哑光的淡紫色眼影铺满整个眼窝不仅不能起到提亮的作用还会让眼色看上去更为憔悴，所以尽量选择偏白的、带有珠光的淡紫色眼影。

要点 2: 珊瑚粉眼影要注意面积

珊瑚粉配上淡紫色十分的温婉浪漫，但是在上珊瑚粉的眼影时不能超过上眼皮的 1/3 大小，否则会让人看上去像一宿未眠的状态。只需用小号眼影笔将其慢慢地从眼尾晕染到差不多眼中的位置即可。

要点 3: 珍珠白眼影很重要

卧蚕眼妆能够改善眼神的温柔度，拥有它就能轻松将你打造成温柔大方的女神，所以这一抹珍珠白在眼妆里十分重要，如果没有珍珠白的眼影也可以用少量的高光粉代替，但是注意笔触不要太粗，否则会适得其反。

淡紫色系妆容的风格变奏

■ ■ ■ ■ ■ ■

风格
1

温柔女神妆容

　　柔美的玫瑰色唇彩搭配淡紫色系眼妆，犹如花朵般温柔芬芳，能够让所有异性为你倾心。搭配淡黄色腮红打造无瑕肌肤，这也是女神妆容的必备利器。

风格
2

甜美女神妆容

　　用草莓粉的唇彩打造出楚楚动人的果冻唇，让夏天爱笑的你甜美度提升几倍，再加上淡紫色的卧蚕眼妆，这样笑起来一定能融化不少异性的心。

风格
3

冷峻女神妆容

　　紫色也能让人的精神镇静，搭配偏裸色的唇彩以及淡粉色的腮红，会营造出一种冷峻的美，画出勾式腮红还能够修饰出完美的瓜子脸。

海边旅行 突出五官立体度的防水妆容

海边旅行要不要化妆？当然要！用超服帖底妆突出五官立体度，用些许活泼亮色点亮气色，最后加一步防水定妆，在椰林沙滩间轻松抢镜，再也不用担心会有花妆尴尬了！

要点 1　湖蓝色眼线最能突出双眼的清澈，还能在炎炎夏日增添丝丝清凉感。搭配低调的灰蓝色眼影，即刻打造出天真的无辜大眼，轻松留下张张都满意的上镜照！

要点 2　混搭不仅是服装界的专利，彩妆也可以！单一的唇色难以打造出丰富的层次感，先用深浅两色橘色唇釉完成打底，再叠加一层粉色唇彩，饱满唇妆如同 3D 般立体！

要点 3　塑造立体的双眉少不了染眉膏来帮忙！相比眉笔的生硬粗糙，染眉膏更能贴心地照顾到每一根眉毛。大热的棕色染眉膏，更能完美呼应了橘色主打的腮红和唇妆。

▲ 湖蓝配上橘红，清新和活泼手到擒来！好感度爆棚的创意妆容，海边抢镜毫不费力！

场合妆容步骤分解

1 首先用深色的粉底给眼部打底，遮住黑眼圈和眼部瑕疵。

2 用棕色染眉膏，沿着眉头至眉尾，依次给两边眉毛均匀染色。

3 用眼影刷蘸取灰蓝色的眼影，在上眼睑处薄薄刷上一层。

4 用蓝色眼线笔画出纤细的内眼线，并在眼尾处延伸拉长。

5 示指提拉上眼皮，用纤长浓密型睫毛膏从睫毛根部轻刷睫毛。

6 用浅橘色的唇轴给唇部上色，由唇部中央往嘴角均匀涂抹。

7 用深一号的唇釉在双唇薄薄涂上一层，然后轻轻抿唇。

8 用嫩粉色的唇彩点涂唇部中央，让双唇看起来更饱满。

彩妆单品推荐

Stila 三色眼影

Benefit
原地待命眼部底霜

Yves Saint Laurent
迷魅唇膏

户外运动 借助彩妆塑造微微湿润的性感

▲ 如花蕾绽放的玫红妆容，让你迅速摆脱女汉子的印象。即使在户外运动，也能美丽一整天！

似有若无的湿身最吸人眼球，彩妆同样如此！想要在众人集聚的户外运动中脱颖而出，呈现湿润感的彩妆是正解！不过不失，打造超精致水雾感妆容，夺人眼球就在小小彩妆心机！

要点 1 精致百分百的眼妆离不开对眼头的呵护。用带有珠光感的银色眼影涂抹眼头，既点亮了眼头，又会令鼻子的线条更为立体，整个妆容也会看起来更有精神。

要点 2 腮红虽小，涂法却有大学问。想要小脸效果，不能不注意腮红的打法。甜美妆容的画法是在笑肌最高的地方，以打圆的方式，由内往外渐渐晕开，制造自然的红晕感。

要点 3 想让双唇更加饱满立体，无需层层渲染涂抹。哑光唇膏和同色唇彩的搭配，就能帮你轻松搞定！诀窍就在于先用唇膏打底，再用同色唇彩在唇部中央加重颜色。

1 首先用棕色眉笔沿着眉头依次画出两边眉毛的轮廓。

2 然后用眼影刷蘸取银色的眼影，轻轻点亮眼头凹陷处。

3 用眼影刷蘸取金棕色的眼影，在上眼睑处薄薄刷上一层。

4 用黑色眼线笔画出流畅的内眼线，眼线线条要细些。

5 用金棕色眼线膏画出下眼影，让双眼的轮廓更深邃迷人。

6 选择嫩粉色的腮红，沿着颧骨靠后的位置轻轻刷扫。

7 嘴巴微张，选择玫红色的哑光唇膏，均匀涂抹双唇。

8 用同色的唇彩点亮唇部中央部位，然后轻轻抿唇。

彩妆单品推荐

Dior 健康光彩
醒肤腮红

Elizabeth Arden
玫瑰流金极光系列唇膏

Maybelline
瞬盈魅彩眼线笔

夏夜约会 巧妙小烟熏捕捉点点星辉

夜色渐浓的夏夜，想让魅力持久不失彩，试试用浓淡得宜的小烟熏妆装点双眸，在唇颊处加上一抹玫红，透出精灵古怪本色。让夜空的星星相形失色，让身边的他目不转睛！

要点 1 睫毛够卷够翘才能轻松驾驭烟熏妆！除了上眼睑的睫毛要精心打造，在下眼睑眼尾处粘上2~3丛剪短的假睫毛，是让双眼更大更有神的秘诀所在！

要点 2 想要在约会时来个烟熏妆，拿捏浓度很重要！清一色的黑色眼妆容易让你变身熊猫眼，用深灰色眼影妆点才是正解。配合极细腻的黑色眼线，烟熏眼妆魅力十足！

要点 3 红唇妆看似简单，却最考验功力！事先以润唇打底能让唇色更显色，第一层唇膏重在均匀涂抹，最后再用深一号色的唇膏点亮唇珠，诱惑力十足的正点红唇轻松搞定！

▲ 性感爆棚的红唇妆，配合电力十足的小烟熏，让人好感倍增，即使在夏夜约会也能捕捉星辉！

1 首先用黑色眉笔沿着眉头至眉尾画出双眉眉型，补齐缺失的眉毛。

2 用眉刷蘸取适量深灰色的眉粉，沿着眉头轻扫眉毛，进行上色。

3 用眼影刷蘸取浅灰色眼影，在上眼睑处薄薄刷上一层。

4 用黑色眼线笔画出流畅的内眼线，在眼尾部位眼神拉长。

5 用镊子夹住胶水半干的卷翘型假睫毛，轻轻贴在睫毛根部。

6 用指腹蘸取润唇膏涂抹双唇，柔软双唇，进行唇部打底。

7 嘴巴微张，然后用正红色哑光唇膏为唇部均匀上色。

8 用深一号唇膏加重双唇颜色，让唇部更加立体饱满。

彩妆单品推荐

Dior 双色眼影

Bobbi Brown
流云眉粉笔

Yves Saint Laurent
迷魅纯漾润唇膏

海滩派对 多彩马卡龙绽放"睛彩"活力

被誉为少女酥胸的马卡龙，可不仅仅能吃，还能化身彩妆灵感，为肌肤添彩！创意十足的马卡龙眼影，让众人眼前一亮。海滩派对，穿得再保守也不用怕，活力"睛彩"最瞩目！

要点 1 想让淡妆在镜头前看上去也能容光焕发，你需要学会打高光。牢记在重点部位——鼻梁处打高光，既提亮了肤色，又可以将五官塑造得更为立体！

要点 2 缤纷的马卡龙色是彩妆大热，草绿、暖橙、湖蓝、玫紫的混搭，不仅不会让眼妆显得过分突兀，还能让活泼的气质立现，轻松减龄不费吹灰之力！

要点 3 银色眼线可不是舞台妆的专利，日常妆容同样也能使用。抛却常规的长眼线画法，仅仅在眼尾画出一道交叉的"鱼尾"，闪亮之余不失俏皮本色！

▲ 绿、橙、蓝、紫齐上阵的超炫眼妆，让你轻松赢得第一眼好眼缘。超服帖腮红晕出自然气色红晕，让人忍不住想亲吻！

1 用淡粉色高光在鼻梁处打亮，让脸部看起来更立体。

2 用草绿色眼影轻刷在眼头部位，为双眼增添神采。

3 用西瓜红眼线笔画出流畅的内眼线，线条要细些。

4 用眼影刷轻轻刷上一层紫色的眼影，范围不要超过眼睑的1/3。

5 用浅橘色眼线笔在下眼睑画出眼头至瞳孔中央的眼线。

6 用蓝色眼线笔在下眼睑画出瞳孔中央至眼尾部位的眼线。

7 用银色珠光眼线液在眼尾处画出交叉状的"鱼尾"眼线。

8 嘴巴微张，然后用哑光的粉色唇釉均匀涂抹双唇。

彩妆单品推荐

Benefit 高光液

Guerlain
金灿四色眼影

Shiseido
尚质晶漾眼影霜

夏季妆容小问答

问：夏季出门，眼妆特别容易晕掉，如何避免成为"熊猫眼"？

答：用防水防油能力优秀的眼线单品！夏季气温升高，眼妆特别容易晕掉，为避免惨变"熊猫眼"，新手们最好先用眼线笔描绘线条，再用防水型眼线液描好，这样可以降低晕妆的机会。而熟练的技术派则可以直接使用眼线液。

问：夏天总要补妆好几次，感觉肌肤越来越干，该怎么办呢？

答：改用矿物系彩妆品！粉饼中的滑石粉成分会导致肌肤干燥，容易干燥缺水的肌肤最好不要选择含滑石粉成分的粉饼，改用矿物粉或者含有其他高保湿成分的补妆产品。另外，在上妆前敷一张保湿面膜，会让底妆更服帖持久。

问：厚重的妆容易闷出痘痘，夏季化妆如何做"减法"？

答：用 BB 霜代替粉底液，蜜粉代替粉饼。夏季天气闷热，可以使用更加清爽薄透的 BB 霜来代替使用量过多的粉底液。另外，也可以舍弃厚重的粉饼，改用更为透薄的蜜粉。

问：夏季出汗后，怎样补救才能让妆容变均匀？

答：推开残妆后再补妆。首先可以选择具有防水效果的底妆产品，减少花妆的现象。一旦脱妆，就要先用干净的海绵打湿脸部，轻轻将花掉的妆容推开，之后再进行补妆。

问：夏季出油明显，让恼人毛孔隐形的方法是什么？

答：具有控油效果的妆前乳的是夏季隐形毛孔的好帮手！上妆前事先使用妆前乳，不仅能帮你让毛孔消失，更能抑制油脂的分泌，让妆容变得更持久。手指蘸取适量妆前乳，涂抹在毛孔明显的部位，用手指反复按压。

问：有什么办法可以在夏天尽情游泳，而不用担心妆会花掉？

答：使用防水功效的底妆产品！如果有旅游的日程安排，最好选择具有防水功效的底妆。防水的配方让你即便是去海边或泳池都无需担心，还能呈现健康完美的肤质。如果还不放心，可以在妆容完成后，喷一喷持久定妆喷雾。这支喷雾可以随身携带，随时一喷，纸巾按压，轻松定妆。

问：受够了夏天的紫外线，为什么化妆后色斑更明显了？

答：有的女生在夏季为了追求清爽感，直接在皮肤上使用粉底液，这是对皮肤不负责任的做法！因为在日照很强的情况下，彩妆产品中的色素很容易造成皮肤色斑。在夏季，隔离乳或妆前乳液一定不可少，而且粉底要选择标注有防晒值的。

问：明明已经换上了轻薄的粉底，脸上的妆为什么还是很厚重？

答：问题往往出现在使用手法上！有不少女生在化妆时习惯"从中间向两边"，这会导致鼻翼和 T 区的底妆要比其他地方厚，而且更容易脱妆。上粉底液或是粉饼时，应该是从脸周向内侧靠拢的手势，这样打到鼻子部位时粉就比较薄，不易脱妆。

问：补妆的包包已经塞不下，蜜粉和吸油纸要留下哪个？

答：非要在二者之中选一个话，留下吸油纸吧！蜜粉可不是补妆的必需品，吸油面纸反而才是维持干净妆容的秘密武器！因为如果每次补妆硬是狂扑蜜粉，一天下来，整张脸会变成一张面饼，那会更恐怖！

问：夏天早晨醒来，脸上满满都是油光，该如何上妆？

答：妆前先用冰块敷脸！在早上洗脸后，用毛巾包裹适量冰块，在脸上轻轻按摩 5~10 分钟。这么做可以帮助降低脸部肌肤的表面温度，从而抑制皮肤出油的情况，而且在一定程度上可以减少出现脱妆的概率。

问：使用防晒粉底液后，是否需要隔一段时间补涂？

答：需要定期补涂！虽然夏季的粉底液大多具有防水、防汗能力，但它里面的防晒成分一样会随着时间的推移而逐渐失去效力，更别说大多数人带妆半天后会出现掉妆情况。最好每 3 个小时使用防晒粉饼来补妆，也可以直接补涂防晒粉底液。

问：每一样彩妆品都有防晒值，防晒系数就能叠加了吗？

答："每样产品都带一点 SPF 值，叠加起来防晒效果会更好！"这样的心情可以理解，但总体防晒系数并不会就此叠加。实际上，防晒效果取决于你使用防晒系数最高的那款产品，无法叠加。使用 SPF30 的隔离霜再用 SPF15 的粉底液，并不等于你得到了 SPF45 级别的保护，依然还是 SPF30。

第三章 秋季

多元魅力的质感妆容

　　每每想起秋季高频出现的米色、金色和深棕，总觉得单调乏味如同没加糖的寡淡奶茶。想要与众不同，就得果断抛弃旧日观念！用些许灰色点缀神采突出清秋美感，巧用深浅不同的棕色提高面庞立体度，再加点金色让五官闪耀珠宝般的光彩。独家支招教你巧用心思画出秋日美妆，打破旧观念藩篱，秋日就是要你"好看"！

1 秋季的底妆要诀

比起遮盖力，长效水润和持久保湿是秋日底妆的更大诉求，这是令底妆在干燥时节完美无瑕的绝对保证。

1 挤出一颗黄豆大小的隔离霜，用点拍的方式均匀涂抹全脸。

2 用带海绵的刷头将粉底液均匀推开，进行脸部打底。

3 用遮瑕液点涂在下眼睑，用指腹轻拍，淡化黑眼圈。

4 用棕色的遮瑕膏点涂在脸上痘印、疤痕处，遮住脸部瑕疵。

5 用刷子蘸取淡粉色高光粉涂抹在鼻梁处，让脸部更立体。

6 用浅棕色的腮红沿着颧骨靠后的部位以画圈的方式进行刷扫。

7 用大号散粉刷均匀刷上一层散粉，让妆容透出柔和光彩。

8 嘴巴微张，然后用裸粉色的唇彩均匀涂抹双唇。

小贴士

滋润底妆完美打底，靓丽眼妆点亮秋日！

随着秋天脚步临近，干燥、敏感的肌肤烦恼频频来扰。此时上妆粉底不容易服帖，容易干妆，所以最好使用滋润度较好的霜妆或条状的粉底。

秋季彩妆的重点应该放在眼妆上。眉毛要修剪整齐，长度可以根据整体效果来搭配。眉色建议用自然的深棕色或者咖啡色应时应景。在眼影上，金色和银色是百搭的眼影色。如果想要突显妆容光泽感，不妨试用浅色、亮色的高光液加亮"T"字部位。

秋季底妆单品推荐

Dior
凝脂长效保湿
持久粉底液

Lancome
完美贴肤粉饼

L'orealParis
绝配无瑕粉底液

Shiseido
魅彩光彩紧致粉底霜

Shiseido
清透哑光无油粉饼

Guerlain
海洋涌泉水感粉底霜

Maybelline
极致贴合粉饼

Elizabeth Arden
丝润粉底液

2 秋季的常规用色方案

比起绚烂多彩的春夏妆容，秋季的妆容在颜色的使用上更加偏好大地色，配合若隐若现的暖色，呈现出时髦利落的秋日女郎印象。

1. 粉棕混搭肤色更佳

对于皮肤白皙的女性来说，粉色是不错的选择。除了腮红使用浅粉色外，还可以在眼影部分使用红粉色，再融合些许哑光棕，能有效修正过于苍白的脸色，让妆容更健康。而眉骨则采用哑光的白色高光进行提亮，让妆容显得更立体。

贴士：加深眼窝更艳丽

涂抹眼影时，在靠近睫毛根部的上眼睑部位先涂上一层浅粉色，然后在眼窝处用哑光棕色加深眼影的颜色。最后，在下眼睑和眼头的位置扫上略深的红粉色眼影，能让整个妆容看起来更加艳丽一些。

2. 深邃罗兰优雅有道

紫罗兰的眼妆通常被划为冷色调，但如果加入葡萄酒红的渐变晕染效果后，则能让优雅深邃的紫色透出富有层次感的暖调，让双眼显得神采奕奕。建议在上眼妆前用眼霜打打底，这样眼妆会正持久些。

贴士：哑光粉色最百搭

粉色唇妆有种独特的魔力，游刃有余地平衡各种冷暖色调的眼妆，打造出不一样的妆感。所以，当你还在为唇妆的颜色苦恼时，不妨试试粉色。注意！千万别选择荧光粉，哑光质地的粉色唇膏更有质感。

3. 深浅奶油质感无敌

奶油色一直都是秋季妆容中最常用的颜色，无论搭配白皙或偏黄的肤色，都同样适用。先用浅奶油色打造裸妆妆底，然后在颧骨以及下巴位置加入深奶油色阴影，再为上眼影和双唇中部增添闪亮的浅棕色和桃粉色元素，立刻让妆容呈现出富有暖意质感的立体效果。

贴士：斜刷腮红更提亮

想要获得自然的腮红效果，可以尝试以类似"打勾"的方式，沿着颧骨斜扫一层带有珠光感的粉色腮红。这么做可以起到提亮双颊的作用，创造出带点粉嫩可爱又不乏暖暖气息的妆容。

4. 紫灰相融性感加倍

选择灰色和紫色眼影混搭，能打造类似小烟熏效果的性感猫眼，让电眼魅力加倍。先用黑色眼线笔画出线条纤细的内眼线，并在眼尾处延长上翘。然后用灰色眼影涂抹上眼睑，再用紫色眼影晕染眼窝，搭配枚红色的唇膏，迷人百分百的妆容即刻完成。

贴士：霜状腮红暖意足

想要在秋季打造富有质感和暖意的妆容，推荐选择霜状的腮红。因为霜状腮红与粉底更容易贴合，而且霜状质地可以产生更透嫩、水润的妆效，使用后肌肤会有如丝绒般的润色妆感，带来柔和的暖意。

5. 甜美浓郁巧克力妆

巧克力色在秋季妆容中可谓是百搭色，特别是搭配富有阴影立体感的底妆时，更能增加神秘感。为避免巧克力带来的暗沉感，可以加入适量浅棕进行过渡。腮红和唇妆则可以采用偏黄的暖橙色调来配合巧克力色眼影，打造宛如醇浓巧克力一般的暖意妆容。

贴士：粗眼线增加深邃感

在使用深色的眼影，如棕色、巧克力色、深咖色时，记得要把眼线加粗一些，这样能让双眼更看起来更深邃，妆感更和谐。过细的眼线会让眼睛没有神采，再加上深色的眼影，容易让双眼显得无神。

6. 活力焦橙快乐出游

像焦橙色和枫红色这类典型的秋季颜色，去郊游时使用再合适不过了。可以先用黑色眼线笔画出纤细的内眼线，再用焦橙和金棕色混合，晕染眼妆。最后，沿着颧骨以画圈的方式刷扫上枫红色的腮红，暖意融融的秋季郊游妆就此完成！

贴士：白色底妆更显色

焦橙和枫红这两种颜色都带有一些黄调，所以对底妆的要求很高。尽量不要选择颜色太深的粉底，那会让你的脸变得更黄。最好选择颜色稍白的粉底，这样的底妆会更显色。而且底妆以轻薄为主，太厚重的底妆只会让你的妆容妆容显得很脏。

7. 文艺灰绿气质十足

如果每天早上只有很少的时间用来化妆，但是又想轻松搞定一个有艺术气息的眼妆，不妨试试用祖母绿眼影来提升气质。先用珠光感灰色眼线液画好上下眼线，然后在外眼角涂上一点祖母绿色的眼影，用指尖抹出向上扬的感觉。

贴士：指腹上色更贴合

在眼尾这样细致的部位涂抹眼影时，用指腹代替眼影刷上色会让眼影更加贴合皮肤，尤其是指腹还带有温度时。用指腹上色不仅能更好地控制颜色深浅，还能打造自然的晕染感。不过千万注意一定要事先把双手洗净，以免将细菌带入眼球，得不偿失。

8. 火红石榴妩媚娇艳

想要为打造出别出心裁的创意彩妆，不妨大胆尝试娇艳欲滴的石榴红红唇。眼影可以采用稳重的中性色进行混搭，如浅棕色和咖啡色。让中性色的眼妆，诠释出自信的眼神。睫毛可以采用上下睫毛都卷翘的"娃娃"款式，复古中透出妩媚。

贴士：双层唇色更立体

打造红调的唇妆，比如酒红色的唇妆、石榴红色唇妆，切忌一次性上色。一次性上色容易造成唇色不均，让饱满度大打折扣。最好的做法是先用石榴红唇膏涂抹双唇，然后用透明的唇蜜薄薄涂上一层。这种双层上色的方法，能让无唇线的双唇丰盈立体。

3 秋季最受欢迎的妆容色系

米色 打造毫无破绽的米色陶瓷肌

想要白煮蛋般弹性嫩滑的肌肤？想要陶瓷般毫无破绽的零毛孔肌？是时候打破幻想，行动起来！最潮流的米色妆容，让你不费吹灰之力，见证"白日梦"成真的奇迹一刻！

▲ 米色主打的妆容，呈现出如同素颜般的零瑕疵皮肤质感，让人看不出你化了妆！

相比银色的高调，米色眼影更适合日常妆，而且还能轻松淡化一切眼部瑕疵，制造毫无破绽的好眼妆。

以银色主打的妆容，腮红的重点只有一个：足够轻薄！裸粉色就是绝佳选择。

事先用遮瑕膏给唇部打底，然后再涂抹裸粉色唇膏，能让淡色的唇膏更显色。

米色系妆容步骤分解

1 打好底妆之后，用眼影刷来蘸取米色略带珠光的眼影。

2 用蘸取好的眼影笔铺满整个眼窝，注意力道要均匀。

3 用指腹轻轻点压上眼睑，用手指的余温将眼影晕染自然。

4 在下眼睑处刷扫带有珠光感的银色眼影，提亮眼部神采。

5 用镊子将自然纤长型的假睫毛紧紧贴牢。

6 在眼部周围点上高光，可以让颧骨看起来不那么突出。

7 沿着颧骨以斜向刷扫的方式扫上一层裸粉色腮红。

8 将带有滋润功效的裸粉色唇膏均匀涂抹双唇。

彩妆单品推荐

Dior
幻彩幽蓝魅惑
五色眼影盘

Bobbi Brown
丝柔润彩唇膏

Dior
滋润魅惑唇彩

重点眼妆用色分析

米色

棕色

银白色

米色珠光眼影可以让黯沉的肌肤更明亮。

棕色眼线收敛眼部水肿，打造深邃双眼无负担。

银白色眼影突出笑意卧蚕制造亲切感。

要点 1: 米色眼影的挑选秘诀

　　米色眼影的功能就是提亮双眼，所以不要选择哑光的米色眼影。因为它带有珠光，故在铺满眼窝的时候注意眼影的厚度不能太厚，如果太厚则会让眼睛水肿不堪。

要点 2: 棕色眼线不能舍弃

　　如果整个眼妆都是浅色系的则会让双眼更加水肿，所以需要棕色这类的深色系眼线或者眼影来制造深邃大眼，内双在画眼线的时候可以适当加宽面积，这样更加能够修饰眼形。

要点 3: 银白色眼影小面积大作用

　　下眼睑的银白色眼影在画时一定要注意面积的大小，只需轻轻一点即可以让你的卧蚕突显，如果太多则会让人看起来你的眼袋又肿又大。

米色系妆容的风格变奏

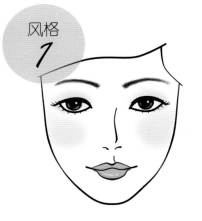

无瑕蛋肌裸妆

　　米色这类接近裸色的妆容非常适合打造透明无瑕的裸妆，是一个很适合平时上班时候画的妆容，米色系的眼妆加上米黄色的腮红以及透粉色的唇彩会让你的肌肤犹如鸡蛋一样白嫩有弹性。

姣好气色裸妆

　　秋季妆容最重要的选择因素就是要让肌肤不干燥，所以选择拥有滋润功能的底妆很重要，唇彩也需要比平时更滋润，然后再选择米色眼妆搭配自然粉色腮红，水嫩的肌肤与害羞的红晕会让你的气色好上百倍。

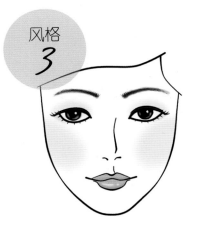

自然蜜糖裸妆

　　米色眼影与大地色系的眼影配合，打造出超萌无辜眼妆后，搭配浅粉色腮红以及裸橘色滋润型唇彩则会让你的肌肤像蜜糖一样富有光泽且十分甜美，在干燥的秋季顶着这个妆容出去约会一定会大放异彩。

金色 将五官变成珠宝的闪耀古铜妆

"土豪金"的戏谑见证了金色的持久魅力，再也没有别的颜色能像金色一样让你瞬间闪耀。想要把五官渲染出珠宝般的色泽，除了金色傍身，还有个小小诀窍：用棕色和橘色呼应！

▲ 金色、卡其、橘色共聚一堂，突出五官立体度的同时，还能让闪耀的光泽为妆容加冕。

过于闪耀的金色眼妆只会让你气质全无，采用金色混搭卡其眼影的做法聪明又不失闪耀。

斜向颧骨靠后的方向刷扫浅橘色腮红，只要薄薄一层就足以让双颊增色。

先用浅橘色哑光唇膏进行打底，再用金色唇彩妆点唇部，魅力来得就是这么简单。

金色系妆容步骤分解

1 用眼影刷蘸取金色的眼影薄薄涂上一层，不能太厚。

2 在眼头与鼻梁中间用浅棕色眼影画一个轮廓，让扩大双眼且突出鼻梁。

3 用咖啡色眼线笔沿着睫毛根部画出纤细的内眼线。

4 将含有金粉的眼线液涂抹在上眼睑眼头处，提亮双眼。

5 用金色的眼线液均匀刷扫下眼睑，注意面积不能太大。

6 在鼻梁和下巴中央涂抹粉色的高光液，让脸部更立体。

7 以画圈的方式在颧骨处刷扫一层浅橘色腮红，恢复健康气色。

8 用哑光的橘色唇膏均匀涂抹双唇，遮掩唇部惨白。

彩妆单品推荐

Dior 双色腮红

Chanel 双色眼影

Ysl 绒密睫毛膏

重点眼妆用色分析

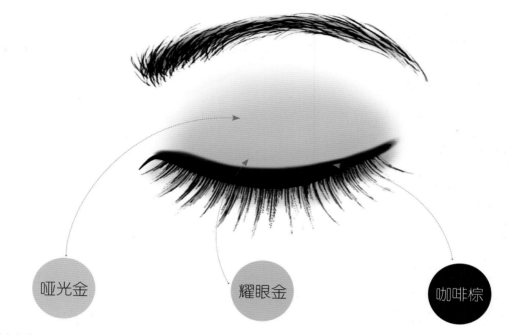

哑光金

哑光金的眼影打底，可以制造出深邃眼妆的轮廓。

耀眼金

为了避免形成黧黑熊猫眼，用耀眼金可以闪亮双眼。

咖啡棕

咖啡棕是完成深邃眼妆缺一不可的重要功臣。

要点 1: 哑光金切勿太厚

哑光金算是收敛色的一种，用它打底可以掩饰部分眼部黯沉，但是如果太厚了就会让颜色堆积得很深，这样会显得眼睛十分憔悴，像没休息好一样。

要点 2: 耀眼金的用法

选择带有金属光泽颗粒的眼影打在眼头或者当做眼线来画可以使你的肌肤犹如晨露般粉嫩光彩，瞬间扬眉吐气，神采奕奕！它的秘诀在于精细而不能面积太大。

要点 3: 咖啡棕眼线长度要适宜

金色的眼妆搭配得不好就真的会像"土豪"一样俗气显老，咖啡棕的眼线长度不能够太长，恰好到眼尾位置微微拉翘 2~3 毫米即可，既能扩大双眼又能突出活泼俏皮的气质。

金色系妆容的风格变奏

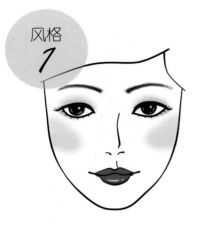

沉稳内敛妆容

микро微微的闪耀的金色眼妆搭配降一个明度的橘色腮红以及橘红色唇彩，不仅能够突出深邃的大眼还能让金色眼妆不浮夸，"V"型手法涂抹的腮红则会传达出一种沉稳内敛的气质。

低调晚宴妆容

奢华的晚礼服搭配金色的眼妆更显高贵，蔷薇粉的腮红会让你看上去更有女人味，而纯正的红唇无论搭配什么色系的礼服都会显出你姣好的气色以及白皙的皮肤，是整个妆容的亮点。

精致出游妆容

秋高气爽的天气是秋游的最佳时节，橘红色的唇彩能够表达出你愉快的心情，而精致的金色眼妆轻松营造迷人大眼，无论是拍照纪念还是录制视频你都会是最美的那个。

卡其色 轻金属风格的摇滚妆容

　　想要推陈出新，就要打破旧日观念！摇滚妆容并不是非黑色不可，跳脱的卡其色加上些许创意，照样也能打造轻金属的摇滚风格！是时候抛却成见，玩味卡其的魔力了！

▲ 卡其色主导的摇滚风格，让平淡的秋季多了几分趣味，保有酷感的同时又不犀利生硬。

卡其色眼影和黑色眼线的绝佳配合，摆脱了单一黑色的生硬，让酷感女郎成功抢镜。

在颧骨处以椭圆的形状刷扫腮红，橘色会让你看起来更加神采奕奕。

橘红色带来秋日暖意，让双唇毫不逊色。用小号唇刷上色，不仅能照顾到所有死角，还能让唇膏均匀分布。

102

卡其色系妆容步骤分解

1 选择浅驼色或者浅卡其色的眼影作为基色打底。

2 用小号眼影刷蘸取卡其色的眼影，然后均匀涂抹在眼皮褶皱处。

3 用深棕色的眼影晕染上下眼尾的形成一个小三角区。

4 用黑色的眼线笔沿着睫毛根部画出纤细的内眼线。

5 下眼线从眼头开始一直画到眼尾稍微拉长结束。

6 涂上睫毛膏后用电动睫毛刷将睫毛烫成纤翘的形状。

7 用小号的腮红刷沿着颧骨靠后的部位刷扫一层橘色腮红。

8 用唇刷将红色的唇膏均匀涂抹双唇。

彩妆单品推荐

Shiseido
双色眉膏

Lancome
绝对深邃
五色柔霜眼影盘

Dior
惊艳旋翘睫毛膏

重点眼妆用色分析

浅驼色

卡其色

黑色

浅驼色均匀铺满眼窝有改善肤色的作用。

卡其色慢慢晕染可以达到放大双眼的效果。

黑色眼线是轻摇滚眼妆的灵魂，增加眼睛电力指数。

要点 1: 玩转摇滚眼妆大地色系最佳

轻摇滚妆容的精髓在于酷酷的魅力电眼，大地色系是最好的选择。以卡其色为中间色，搭配浅驼色和黑色眼线就能够轻松打造便捷的轻摇滚眼妆。

要点 2: 双效浅驼色不能少

选择带有些许金属质感的浅驼色眼影作为底色打底，不仅可以在不经意间透露出金属的光泽，还可以让憔悴的双眼瞬间有神，它是金属轻摇滚眼妆必不可少的色彩。

要点 3: 黑色眼线宽细之分

轻摇滚风的眼妆在于有深邃魅惑的电眼，只需要用卡其色眼影轻轻晕染就能够达到，而黑色眼线在眼妆里面的作用其实是改善眼睛形状以及气质，重点在于形状而不在于宽细，如果太宽则会显得眼妆脏乱。

卡其色系妆容的风格变奏

风格
1

闪耀舞台妆容

轻金属质感的眼妆加上酷酷的黑色眼线足以让你成为焦点,而搭配橘红色的唇彩再穿上柔纱质感的蓬蓬裙,这样的妆容配上电吉他,柔美与酷感并存,你就是舞台上最闪耀的星星。

风格
2

摇滚甜心妆容

想穿机车服与男友约会又怕气场太强大而吓走对方,其实只需稍微改动下妆容就可以让你俏皮可爱起来,不用那么夸张的眼线以及唇色,淡粉色的唇彩以及细细的黑色眼线就足以让你甜美可爱。

风格
3

气质摇滚妆容

不需要太粉嫩以及太浓艳的色彩,米色的腮红以及裸橘色的唇彩就能够突显出金属质感的眼妆,裸色让肌肤质感更透明,而隐约闪耀的金属光泽轻松打造完美古铜妆,瞬间让你气质非凡。

棕色 提高面庞立体度的淡雅棕色烟熏妆

　　秋风渐起，萧瑟随之而来。在一片大地色妆容的人潮中，想要速速脱颖而出，提升面庞立体度很有必要！淡雅的棕色烟熏，继承了烟熏的酷感十足，深浅不同的棕色还能巧妙修容！

▲ 眼尾延伸的上扬眼影打破守旧的平淡，在红唇的引领下带来秋日的独特惊喜！

米白色眼影打亮眼头，让眼部神采加分，创意的斜刷画法更是让眼尾活力十足。

淡扫一层米粉色腮红，既拯救了棕色眼妆的沉闷感，也能让整个妆容显得更干净清晰。

正红色的哑光唇膏，塑造出立体饱满的双唇，给棕色主打的妆容留下点睛之笔。

棕色系妆容步骤分解

1 首先用米色眼影刷扫眼头，提亮眼部神采。

2 选择眼影盘上中性的色系如浅棕色、咖啡色在眼褶上做晕染。

3 用小号棒刷在眼尾处将其向眉峰处上扬，画出翅膀轮廓。

4 下眼睑处画出也用深棕色的眼影将眼尾后部慢慢晕开。

5 用黑色的眼线笔沿着睫毛根部画出纤细的内眼线。

6 用白色珠光眼影在眼头处画一条细眼线提亮双眼。

7 往鼻锋打上高光，既可突出眼睛深邃又可让鼻子挺拔。

8 用唇刷将橘红色哑光唇膏均匀填满双唇。

彩妆单品推荐

Holika
幻想爱可爱腮红

Nars
女王眼线膏

Banila.co
限量款猫咪口红

浅棕色

棕色

深棕色

浅棕色作为小烟熏妆的基色可以改善眼皮黯沉的状况。

棕色从眼头开始至眼尾慢慢晕开形成的小翅膀形状让眼妆更俏皮。

深棕色从睫毛根部晕染完整个上眼褶可以让眼睛更迷蒙深邃。

要点 1: 睫毛根根分明让烟熏妆更干净

淡雅的烟熏妆讲究的就是干净但是眼神深邃迷蒙，所以在挑选睫毛膏的时候就需要挑选自然纤长型的。在刷的时候要注意睫毛膏分量的多少，及时清理掉影响美观的"蟑螂腿"即可。

要点 2: 黑色眼线讲究精细

棕色烟熏妆的亮点在于利用深浅各异的棕色系眼影晕染出自然的烟熏效果，所以黑色眼线如果太粗则会显得尤为突兀，在画的时候只需沿着睫毛根部画出一条相对细的眼线，在眼尾处延长2~3毫米就可以轻松改变眼形了。

要点 3: 深浅棕色的眼影搭配技巧

一般的上妆程序总是会按照由浅到深的顺序上妆，烟熏妆也不例外。但是在上到深棕色的眼影时注意用量不需要太多，但要耐心地将其晕染成小翅膀的形状，这样才可以保证眼妆淡雅自然不邋遢。

棕色系妆容的风格变奏

年轻柔和小烟熏妆容

看上去不显老的烟熏妆的要诀在于清新淡雅的妆容配色，棕色的素雅烟熏妆没有过于浓厚夸张的大色块，搭配裸色的修容型腮红与裸橘色的唇彩看上去自然舒适更显年轻活力。

优雅名媛烟熏妆容

英式名媛都会喜欢深邃的眼神加上高贵优雅的红色系唇彩，只有这样的妆容才能与华丽的礼服相得益彰，淡雅的棕色烟熏妆让美眸深邃迷离，"V"型腮红改善气场，而朱红色的唇彩不会过于夸张，这三种色系搭配在一起十分优雅婉约。

元气潮女小烟熏妆容

棕色带有小翅膀的小烟熏妆早就为你今天这身潮打扮奠定好了基础，低调的米色腮红让肌肤看起来更加健康有光泽，而百搭的裸粉色系口红让你瞬间恢复元气，潮味十足。

砖红 打造上镜美人的暖意妆容

秋季可不只是大地色的天下，暖色也照样有一席之地，比如——砖红！让温暖感紧紧包围，就要在眼影上花点心思。主打的砖红色眼影，配合全包围式黑色眼线，酷感之余也有温暖弥漫。

独特的砖红在契合秋季主题色的同时，也带来了神秘的诱惑力，让人久久不能移开目光。

从眼头至眼尾逐渐加深的包围式眼影带来奇迹般地"开眼角"效果，小眼睛也能轻松化身魅惑大眼。

仿佛裸妆一般的超隐蔽腮红让肤色清透耀眼，巧妙中和眼妆和唇妆的浓重感。

经典渐变唇妆带来百分百的新意和活力，嫩粉色和玫红色唇彩的混搭，制造出让人过目难忘的层次感。

砖红色妆容步骤分解

1 首先用眼影刷蘸取褐色眼影打底，注意不要太厚。

2 用砖红色的眼影在从眼中开始晕染到眼尾，形成一个三角形。

3 用砖红色的眼线笔画出眼线，并在下眼角部分开始晕染到下眼睑中部。

4 搭配带有珠光的深绿色的眼线笔，沿着下睫毛根部画出内眼线。

5 用大号腮红刷以画圈方式刷扫一层粉色腮红。

6 用蘸有粉底液的海绵将原有的唇线进行虚化，更易上妆。

7 用指腹蘸取玫红色唇膏以点拍的方式进行唇部上色。

8 再用唇刷蘸取橘色的哑光唇膏，叠加在原有的唇色上进行调和。

彩妆单品推荐

Sephora 多彩眼影盒

Chanel
香奈儿蜜粉状腮红

L'oral hip
持久眼线胶套装

重点眼妆用色分析

浅褐色

砖红色

深绿色

浅褐色打底调和相反色差,让
眼妆看上去不突兀。

砖红色眼影渐变晕染可以打造
深邃迷离的双眸。

深绿色下内眼线制造双眼神秘
感又能让色调更复古。

要点 1: 学会调和颜色

红色和绿色是最典型的一例相反色,为了让它们看起来和谐,可以选用不同纯度的砖红色和深
绿色搭配,在上妆之前先用浅褐色打底,用砖红色层层晕染,让浅褐色眼影充分融入砖红色眼影里,
颜色就可以调和得很自然了。

要点 2: 砖红色眼影晕染小秘诀

先用相对大号的眼影棒晕染一层薄薄的、宽度与上眼皮眼褶差不多宽的眼影,然后再选用小一
号的眼影棒从睫毛根部开始慢慢画一条细线,最后用干净的棉棒将砖红色的细线边缘晕染到模糊即可。

要点 3: 深绿色内眼线有讲究

深绿色的眼线因为是要画在睫毛根部部分,如果选择不防水也不防晕染的眼线笔会很容易地让
眼妆变脏,且选择带有些许珠光粒子的眼线笔可以让眼珠更闪光。

砖红色眼妆的风格变奏

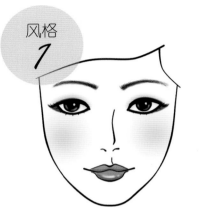

风格 *1*

甜蜜约会妆容

秋季可不能一直都用枯燥的大地色系，偶尔来点桃粉色的唇彩也会让人觉得眼前一亮，砖红色系的眼妆不会脱离秋季的主题又特别温暖，和男友秋季约会可以尝试一下制造新鲜感。

风格 *2*

粉嫩减龄妆容

虽然砖红色在秋天也算亮眼，但如果搭配相同明调的唇彩腮红不仅不能替你掩饰年龄反而还会更加显老。选择突显肤质的奶茶色腮红以及粉嫩滋润的双唇与砖红色眼妆相称是减龄的最佳方案。

风格 *3*

深邃混血妆容

砖红色的眼妆已经将深邃演绎得十分精致，为了突出眼妆特地搭配透明质感的裸米色腮红以及淡雅的裸橘色唇彩，让黯沉的肤色变亮且五官像混血儿一样更加立体。

灰色 突出眼神塑造清秋美感

灰色可不是黯淡的代名词，灰色往往和气质联系在一起，所以也有了气质灰这样的形容词。灰色与银色的眼影搭配，在清冷之余突出眼神清澈，文静范儿也可以这么酷！

▲ 灰色眼影取代高频出现的黑色，让整个秋季不再变得单调。灰色与银色的搭配，让眼神也有清秋般的美感。

眼头的银色眼影大大提升了眼部神采，眼窝的深灰色眼影让大眼来得更加深邃。

橘色腮红给整个妆容带来了丝丝暖意，避免让底妆陷入"苍白"的尴尬。

裸唇可不是寡淡的代名词，饱满的裸色哑光唇妆，不仅能有效淡化唇纹，还能突出天然好唇型。

灰色妆容步骤分解

1 先用染眉膏将眉毛打理整齐，再用棕色眉笔画出眉毛轮廓。

2 用眼影刷蘸取灰色眼影刷扫上眼睑，提亮双眼。

3 将银白色的珠光眼线液刷在眼头处，恢复双眼神气。

4 在眼尾处刷扫深一度的灰色眼影，打造深邃大眼。

5 用眼线笔沿着睫毛根部画出上、下眼线。

6 用白色的修容粉刷扫鼻梁，让五官更立体。

7 沿着颧骨靠后的方向用大号腮红刷刷扫一层浅橘色腮红。

8 用浅橘色滋润型的哑光唇膏均匀涂抹双唇。

彩妆单品推荐

Physicians Formula
天然心形腮红

Sephora 十色烘培眼影

Ysl 闪烁灿金唇膏

重点眼妆用色分析

银白色

银白色是打造气质钻石眼的关键所在。

灰色

灰色眼影能够制造眼睛立体感，让双眼更迷人。

黑色

黑色眼线改善双眼形状，增添眼神亲切感。

要点 1: 灰色眼影涂抹位置要找准

虽是灰色系眼妆，但也不能让整个眼周铺满灰色，找准它应该在的位置进行晕染才能画出最美的妆容。其实很简单，灰色眼影所管辖的范围大约是眼尾的三角区以及下眼睑的后 1/2 处。

要点 2: 银白色眼线液的使用技巧

眼线液对于一个刚入门的化妆学徒来说很难掌控，一不小心就会画得粗细不均。每次使用它时只需保持笔头的液体均匀没有水滴状，从眼头位置慢慢沿着睫毛根部画一条细线即可，就算有点缺失也不用再补齐，因为闪亮的银色可以掩盖它。

要点 3: 黑色眼线决定眼妆成败

这个眼妆的特别之处在于上眼线比下眼线细，这样可以改变眼睛的形状。上眼线到眼尾处下压一些再水平延长，而下眼线则要稍微宽于眼角，注意睫毛根部也要涂满不要留白，要不就会变成无辜眼了。

灰色系妆容的风格变奏

沉稳面试妆容

　　面试所要看的不仅是学历与衣装得体，妆容也十分重要。灰色系的眼妆带给人一种成熟冷静的情感色彩，低调内敛的裸色腮红以及唇色会让整个人的精神加倍，这样的妆容一定会取得面试官的好感。

得体应酬妆容

　　结束一天的办公室工作后，脸色已经悄悄黯沉，如果直接带着憔悴的脸庞去应酬一定会让客户觉得你力不从心，所以稍微把腮红以及唇色的颜色改成明亮一些的橘色或者红色，适当遮盖一下倦容这样会洽谈得更加顺利。

儒雅音乐会妆容

　　周末偶尔得到邀请去听一场音乐会洗礼一下焦虑疲惫的心情，冷峻的灰色眼妆透露出高贵的气质，而若有似无的腮红则让肌肤白净透明，红色的唇彩搭配高贵的服饰也会相得益彰，以这样一个妆容出席音乐会更能凸显你的品味。

面试应聘 自信妆容夺得可靠印象分

迎接一场场面试到来，能给自己打气的除了含金量十足的简历，自然少不了自信得体的妆容。用自信满满的眼线，配合亲和力十足的眼影，打造靠谱得力形象，帮你轻轻赢得面试好印象！

要点 1 黑色是常用的眼线颜色，虽然保守稳妥却难以给人留下更多印象。求职妆不妨尝试灰蓝色眼线，不仅给人靠谱好印象，超隐蔽的极细画法仿若裸妆一般，在不动声色之余给双眸添彩。

要点 2 圆形腮红甜美感十足，用于面试妆格格不入，扇形打法的腮红才最得当。在太阳穴、笑肌、耳朵下方构成的扇形涂抹，从颊侧往两颊中央上色，这样的画法不仅能修饰脸形，还能烘托出好气色。

要点 3 拿捏不准用什么颜色的唇彩？试试浅橘色吧！粉色唇彩有减龄功效，难免护让面试官误解成熟度不够。橘色唇彩不仅给亲和力加分，还能保留青春独有活力，一举两得！

▲ 浅灰色眼线诠释平稳自信形象，亲和力十足的橘色果冻唇，得体之余轻松留下好印象！

场合妆容步骤分解

1 用指腹蘸取粉底液，然后以点拍的方式均匀涂抹全脸。

2 用棕色眉笔沿眉头画出眉毛轮廓，补齐缺失的眉毛。

3 用眼影刷蘸取黄色眼影，在上眼睑处薄薄刷上一层。

4 用灰蓝色眼线笔沿着睫毛根部画出线条纤细的内眼线。

5 提拉上眼睑，用浓密型的睫毛膏沿着睫毛根部轻刷睫毛。

6 用浅橘色腮红以斜扫的方式沿着颧骨薄薄刷上一层。

7 用手指蘸取浅色的唇膏，滋润唇部，减少唇纹。

8 用唇笔蘸取粉橘色的唇膏将唇纸细上色。

彩妆单品推荐

Maybelline 飞箭睫毛膏

Dior 五色眼影

Estee Lauder 花漾唇蜜

秋季远足 超隐蔽画法打造持久妆效

秋季远足，随好心情一起出游，万万少不了靓丽美妆。私家揭秘底妆超服帖手法，超强持久力轻松美上一整天！隐蔽内眼线画法让你神采奕奕，电眼魅力升级！

要点 1 秋季远足，怎么少得了自拍时刻？先用黑色极细眼线勾勒眼部轮廓，再刷上纤长型的睫毛膏，下眼睑处粘上 3~5 丛剪短的假睫毛，精致眼妆定能让镜头爱上你的眼！

要点 2 橘色眼影是秋季大热，比起卡其、深棕的暗沉，橘色眼影多了一份清新活力。要注意橘色眼影范围不要过大，选择颜色稍暗的深橘色，可以避免造成眼部的水肿感。

要点 3 粉嫩果冻唇什么时候都不会过时！用唇刷将唇膏从唇部中央往两侧刷开，不仅上色更服帖，还不会显得浓重，避免了造成"腊肠唇"的尴尬。

超级持久的自然裸妆，配合精致隐蔽的内眼线，即使面对犀利自拍镜头也能游刃有余！

场合妆容步骤分解

1 用黑色眼线笔沿睫毛根部画出内眼线，线条要细些。

2 用眼线膏在眼尾处将内眼线拉长，画出上翘的眼线。

3 用眼影刷蘸取橘色眼影，在上眼睑处薄薄刷上一层。

4 用眼影刷蘸取银色眼线液涂抹在下眼睑处，提亮眼部神采，使双眼更有神。

5 用浓密型睫毛膏沿着睫毛根部按"Z"型向上涂抹睫毛。

6 用镊子夹取3~5丛假睫毛粘在下眼睑，塑造迷人大眼。

7 用棕色眉刷沿着眉型走向依次给两边眉毛均匀上色。

8 选择嫩粉色的唇彩，由唇部中央往两侧均匀涂抹双唇。

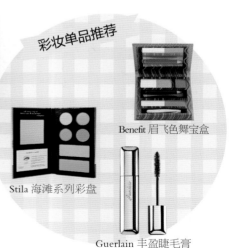

彩妆单品推荐

Benefit 眉飞色舞宝盒

Stila 海滩系列彩盘

Guerlain 丰盈睫毛膏

参加婚礼 幸福感满满的蜜漾妆容

踏入婚礼现场的那一刻，幸福感就在周遭的空气中弥漫。和新人共享甜美，妆容也得毫不逊色！打造蜜漾感腮红，让气色瞬间升级。让精致假睫毛出场，扑闪电眼即刻塑成！

要点 1 不要再为眼睛小而感到自卑！掌握眼妆技巧也能轻松将小眼变成性感电眼。秘诀是在下眼睑贴上 2~3 丛剪短的假睫毛，眼线要细长而顺畅，在眼尾处拉长上翘。

要点 2 粗眉一直是最热的眉妆，想让粗眉不显得突兀的小秘密是使用棕色的染眉膏。相比黑色的保守沉重，棕色无论深浅都比较适合粗眉，而且还可以中和粗眉的犀利感。

要点 3 想要妆容和精致的小礼服一样出众，点睛的唇膏需要细细挑选！枚红色唇膏能衬托白皙肤色，还能点亮身边桃花。最好选择哑光的唇膏，尽量避开张扬的荧光感和珠光感唇彩。

▲玫粉色眼线配合卷翘睫毛提升眼妆性感度，如同蔷薇一般绽放的蜜漾双唇让甜蜜感爆棚弥漫！

1 用眼影刷蘸取棕色的眼影，在上眼睑处薄薄刷上一层。

2 在原有眼影的基础上，再叠加一层橘红色的眼影。

3 用眼影刷蘸取浅灰色眼影，在上眼睑处薄薄刷上一层。

4 用镊子夹住胶水半干的假睫毛，沿着睫毛根部轻贴上。

5 用镊子夹取3~5丛胶水半干的假睫毛，依次粘在下眼睑。

6 用中号腮红刷沿颧骨靠上的部位刷上一层浅粉色腮红。

7 用小号刷子刷上一层蜜粉，让整个妆容看起来更柔和。

8 用粉色的哑光唇膏沿唇部中央往两侧均匀涂抹双唇。

彩妆单品推荐

Dior nudea 双色腮红

Guerlain 流金宫廷六色眼影

Stila 经典橘色腮红

生日聚会 能拍出满意照片的创意妆面

生日当天，作为众人焦点的大寿星当然要做惊艳全场的主角。掌握超级隐蔽的遮瑕技巧，即使没有美图手机也能轻松应对犀利镜头！绝美创意动感眼妆，即使十连拍也让你上镜十足！

要点 1　层次感是打造瞩目眼妆的关键！在眼头处用银色眼影打亮，再用蓝色眼影贴着睫毛根部往上画满 1/2 的眼睑，将两层眼影自然融合，打造出深邃迷人的眼妆。

要点 2　秋天，不妨试试黑色以外的眼线！紫色眼线能够增加你眼睛的魅力，还能够减少浓重感。在眼影层次比较丰富的情况下，眼线要以纤细为主，过长会打破妆容平衡。

要点 3　无论彩妆风尚如何变化，玫红色都是打造甜美双唇的首选！均匀涂抹第一遍唇膏后在唇峰处再涂一遍，加重颜色，能让双唇显得更加饱满立体！

▲银色和蓝色交织的眼影，配合珠光感亮片，让眼部熠熠夺目，成就眼前一亮的创意造型！

场合妆容步骤分解

1 用黑色眼线笔沿着睫毛根部画出线条纤细的内眼线。

2 用紫色的眼影轻刷眼头部位，涂抹上第一层眼影。

3 用银色的眼影轻刷上眼睑部位，涂抹第二层眼影。

4 沿着睫毛根部画出线条较粗的蓝色眼影，在眼尾处上翘。

5 用眼影刷蘸取银灰色的眼线液，沿着下眼睑轻轻刷扫。

6 用镊子夹住胶水半干的假睫毛，沿着睫毛根部轻轻粘上。

7 将具有黏性的金色唇彩用指腹涂抹在左眼眼尾下方。

8 用小号刷子扫上枚红色的亮片，洒在左眼眼尾下方。

彩妆单品推荐

Guerlain 甜心女王
幻彩霓虹美唇蜜

Yves Saint Laurent
四色眼影精装盘

Dior 烈焰唇膏

125

秋季妆容小问答

问：秋季到来，粉底服帖度变差，怎样做才能缓解呢？

答：上妆前用化妆水先敷脸！化妆水兼具保湿和收缩毛孔的作用，如果担心上妆后卡粉，就在上底妆前使用化妆水。方法是洁面后将化妆水拍在脸上，轻轻拍打至完全吸收。如果感觉不够保湿，就将化妆水倒在化妆棉上，然后在脸上敷 5 分钟。在脸上敷过化妆水后，肌肤会变得柔软而滋润，粉底就不容易卡住了。

问：金色是秋季大热眼影色，要怎么上色才不会显得突兀？

答：和棕色眼影混搭出层次感！单一的金色眼影适合派对妆容，日常妆容使用会显得过于张扬。最好的办法是加入一些棕色，制造出层次感，以此平衡金色眼影带来的华丽感。另外，在挑选金色眼影时，要避免使用珠光感过于明显的金色，哑光金是不错的选择。

问：秋季高频出现的橘色唇膏，每次用都很显老，怎么办？

答：配合同色唇彩更减龄！完成其他部位的妆容后，先用粉扑上的残留蜜粉按压唇部，遮盖原本唇色让后续橘色更显色。唇膏只涂唇中，然后用唇刷往两侧推开，不需要描唇线，色彩会更自然。最后再涂上同色唇蜜增加整个唇妆的光泽感，活力无敌的橘色亮唇即刻呈现！

问：秋季妆容整体色调偏暗，有什么技巧能让脸部更亮眼？

答：巧用用高光提亮！淡紫色的蜜粉或腮红不仅有提亮肤色的效果，同时也可以当做高光粉来打亮五官，通过突出高光区域来增强妆容的立体感。在"T"区和下巴打上淡紫色高光，不仅肌肤看起来容光焕发，还会让平凡的五官凸显出引人注目的立体感。

问：秋季唇部干燥严重，唇妆上色不明显，该如何解决？

答：上妆前先用润唇膏保养！无论是多好的唇膏，如果嘴唇干燥蜕皮，上色度也会大打折扣！不妨先用润唇膏涂上厚厚一层，再用热毛巾轻敷 5~10 分钟，软化唇部角质。上妆时用指腹轻轻拍打上妆，唇膏会更服帖也更显色。最后，在嘴唇中间涂上唇蜜，让双唇看上去更加立体丰盈。

问：冷色调眼影是秋季大热，如何能让冷色调眼妆更迷人？

答：试试紫色和灰色眼影！先用米色眼影画在眼窝打底处，让鼻子的阴影更加突出。然后从双眼皮折处开始画紫色眼影，稍微向上晕染加深眼折阴影。再用用灰色眼影填满眼尾，增加深遂感并柔和紫的锐利。最后用黑色眼线笔画出内眼线，让眼部轮廓更清晰立体。

问：秋季光照不强，可以不用防晒霜吗？

答：秋季防晒不容忽视！许多偷懒的女性在秋季就停止了一切防晒措施，不再使用隔离霜或防晒霜。秋季一旦停止防晒功课，来年夏季，你会发现皮肤已经暗沉、松弛、毫无光泽。对于不喜欢防晒霜油腻质地的，可以选择带有防晒值的隔离霜。对于秋季防晒，SPF15 的隔离霜就足以应付。

问：已经换上保湿的粉底，为什么上妆依旧不服帖？

答：如果毛孔遇到污物阻塞，皮肤新陈代谢不顺利，无法如期脱落，毛孔不仅会越变越大，还会让底妆难以服帖。所以在上妆前要用化妆水先把脱离的多余角质、污物带走，收敛毛孔，让毛孔恢复正常状态才能够让底妆服帖。

问：跟其他季节相比，秋天卸妆时需要注意什么？

答：秋天早晚温差大，空气干燥，抗病能力减弱，日晒后的肌肤显得更加脆弱，不适合使用刺激过大的洁颜产品；另外，这些分泌更多的汗液、油脂，与彩妆混合，更易堵塞毛孔，产生各种肌肤问题，卸妆洁面时更要注意深层清洁，避免污垢在毛孔残留。

问：秋季皮肤越发暗沉无光，不上妆的难题该如何化解？

答：妆前给肌肤按摩！平日里大家知道最多的护肤顺序就是化妆水、精华、面霜，然后再涂隔离粉底。在用化妆水之后，粉底之前，不妨试试用按摩霜给肌肤作按摩，会起到让肌肤的弹性和透明感焕然觉醒的作用，能帮助避免不上妆的尴尬。

问：毛孔因干燥变得粗大，怎样才能巧妙掩盖？

答：上完粉底液后，需要使用粉饼对脸部的毛孔和细纹进行遮盖。在粉饼的选择上，同样是使用保湿型的产品可以降低肌肤的干燥程度。先用小号的化妆刷蘸取适量的粉饼，将其轻轻地刷在需要进行遮瑕的位置，然后利用指腹按压让粉末能够更加服帖。

问：秋季嘴唇颜色黯哑，该如何画出亮泽的唇妆？

答：双唇在经过漫长夏季的暴晒，容易导致唇色黯淡无光。经常化妆的女性因为卸妆不彻底，也会导致唇色暗沉。步入秋季，要做好唇部的卸妆工作，不留死角。每次上唇妆前先用润唇膏打底，然后再涂抹唇彩，千万别选浅色唇彩，那会让你糟糕的唇色暴露无遗。

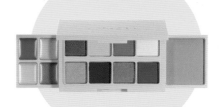

Smile!

第四章 冬季
高贵迷人的瞩目妆容

迷幻的白色、气质的酒红、古典的宝蓝，还不知道如何轻松搞定它们吗？驾驭年终关键场合，就靠实用 100% 的技巧。层次丰富的渐变粉紫打造迷人美目，眼线精雕细琢让朋克电力满格，点睛银色画出韩系泪眼惹人怜，打造女明星般的盛妆，不再遥不可及。一年当中最后的日子，照样要活色生香！

1 冬季的底妆要诀

　　粉底也需要换季，快向保湿遮瑕型粉底下手，让肌肤水嫩整个严冬，透出无暇光彩。巧妙融合乳液，给底妆下的肌肤持久呵护。

1 倒出适量的保湿型化妆水，轻轻拍打全脸，促进吸收。

2 挤出半个硬币大小的润肤乳，用指腹推开，均匀涂抹全脸。

3 选择适合自己肤色的隔离霜，以点拍的方式薄薄涂上一层。

4 在眼部点涂遮瑕液，用指腹轻轻按压，遮盖黑眼圈和眼部斑点。

5 用葫芦头的粉刷从脸颊中心往两侧，均匀刷扫粉底。

6 用大号粉刷将淡粉色的蜜粉沿着颧骨轻轻刷扫双颊。

7 用干净的指腹蘸取润唇膏，来回涂抹，为唇部打底。

8 蘸取比粉底深一色的遮瑕膏，点涂在脸部痘印处。

小贴士

融合乳液上妆，让完美底妆更滋养！

　　进入冬季，滋润保湿是护肤关键，如果你是属于皮肤容易干燥，缺乏滋润光泽的干性皮肤或中性皮肤，不妨使用一些水状乳液，把它和粉底液进行调配后再均匀涂抹在脸上，既能为皮肤保湿，又能帮助你打造出明亮的、具有光泽感的滋润底妆。

　　由于冬季的色彩普遍偏暗，我们要善用含有珠光亮粉的彩妆品。比如用带有珠光亮粉的眼影和唇彩进行上妆，能够增加局部的光泽感，还会让眼睛变得更加深邃有神！

冬季底妆单品推荐

Dior
凝脂紧致粉底液

Benefit
无油润色妆前隔离霜

L'oreal Paris
魔力顺滑裸妆粉底液

Maybelline
Fit Me 粉底液

Dior 凝脂恒久粉饼

Benefit
完美无瑕粉饼

Lancome
光感奇迹保湿粉饼

Guerlain
金钻修颜粉底液

2 冬季的常规用色方案

寒冷的冬天不止是白雪的天下，各种色彩妆容搭配在一起，就算是一整个冬天的暗色大衣也不会觉得视觉疲惫，其实不仅是衣服需要搭配彩妆也要配对颜色才会更精致。

1. 冬日热饮橙红苏打

冬日不必用饱和度那么高的色彩上妆，酒红、粉橘、暖橙色就是很好的选择。用深浅驼色打底会让眼周肌肤更明亮健康，酒红色眼妆衬托较好的气色，橘色唇彩让你拥有一整个冬季的活力。

贴士：温暖焦糖肌如何打造

冬日需要更加滋润的 BB 霜或者粉底液来打底，腮红的颜色可以用橙色与米色交织，先涂上橙色腮红再用带有些许珠光的米色蜜粉晕染，这样会更显肤质质感以及光泽。

2. 极度神秘蓝色翡翠

最神秘的深蓝色是冬日最受欢迎色彩之一，用它来搭配翡翠绿，中间用浅蟹灰晕染过渡可以得到意想不到的效果。深蓝色的眼妆无论是搭配哪种色彩的大衣都会显示出你高贵典雅的气质。

贴士：如何让颜色晕染得更均匀

冬日气温太低，有些彩色眼影会变得难以晕染。在上妆时可以摒弃平时依赖的化妆刷，改成用手指上妆，用手指的余温暖化眼影，这样会让颜色晕染得更自然，妆容更服帖。

3. 凛冬暖阳深浅橘色

糖果色男友风的套头毛衣在冬季大热，太沉闷稳重的妆容与它搭配难免会有些格格不入，此时可以选用橘色系妆容来搭配这些粉嫩色彩的毛衣，这样不仅会增添你可爱的气质也会提亮肤色。

贴士：浅色眼影不显色怎么办

像橘色系这样的眼影到皮肤上很容易不显色，此时可以准备一支小喷壶将清理干净的眼影笔或眼影棒打湿，再蘸取少量的眼影上妆，你会发现不明显的色彩慢慢显现出来。

4. 情迷普罗旺斯庄园

冬日也不能缺少高贵浪漫的紫色，以浅驼色珠光眼影打底，搭配深紫色、紫灰色以及葡萄紫色的眼影，最后涂上莓果色的口红，公司年终盛典你再也不用愁什么样的妆容才能既得体又端庄了！

贴士：深紫色晕染眼尾眼神更深邃

最深的紫色不需要大面积地出现在眼妆上，因为不是要打造烟熏妆。只需从眼尾处慢慢往眼中晕染，由浓到淡的渐变就可以打造深邃魅力的双眼。

5. 温暖平安夜之色

深棕色眼影秋季用会太显深沉，放在冬季则恰到好处。先用红豆灰来打底，用与它同色系的棕红来互相晕染，再用珍珠白提亮眼头，最后涂上复古红唇，以这样的妆容出现在平安夜聚餐上会显得平易近人又十分吉祥。

贴士：聚餐前晚失眠眼眶出现血丝怎么掩盖

眼眶处的肌肤很薄，所以会比其他地方更容易看到血管。在打底妆容的时候可以用较亮的浅色眼影轻轻掩盖再上妆，这样憔悴的倦容就很难被发现了。

6. 甜美冬季抹茶拿铁

绿色是生命的象征，冬末初春的季节用一抹绿色妆容迎接下一个万物复苏最适合不过了。为了避免眼部黯沉被发现，就用带有闪光颗粒的白色眼影打底，再用深浅绿色晕染，最后搭配暗橘色的唇彩提亮肤色即可。

贴士：白色珠光眼影的用法

如果想要营造西方五官的立体感，又掩饰黯沉的肌肤，在上眼影时不要将它打到眉骨下方的眼皮上，这样在光照下，眉骨过于突显会显得十分奇怪。

7. 暗夜精灵棕黑色系

黑色眼妆是最常用的色彩，但是用它来打造活泼系的妆容可要讲究配色的比例。少量黑色眼影搭配棕色晕染眼褶处，最后搭配橘色口红，活泼感十足，就像冬季黑夜里的精灵一样水灵。

贴士：精灵眼妆眼线最重要

精灵都是拥有圆润水汪汪的大眼，所以在画眼线的时候眼尾与眼头不能画得太尖，最好不要形成三角区。只需沿着睫毛根部慢慢画出一条眼线，到眼尾时稍微加粗然后收尾即可。

8. 柔美女人格桑花海

虽然深冬格桑花已经枯萎得差不多了，但它深浅不一的紫色以及粉红色值得我们借鉴。用它提取出来的色彩，打造出来的妆容在整个冬日都会让人赏心悦目，像是冬日暖阳照耀下的一只漂亮花朵。

贴士：紫红色眼妆不需要深色眼线

像紫红色系这样的眼妆搭配黑色的眼线可能会显得有点脏脏的，可以用深紫色的眼线笔取而代之，这样迎合色系又显得用色干净自然。

3 冬季最受欢迎的妆容色系

白色 迷幻美目打造雪之女王

银装素裹的冬季，皑皑白雪之中，还有什么比成为雪之女王更让人兴奋的事情呢？纯净的白色正是最应景的颜色，用来妆点明目，和雪花共舞，你就是最受瞩目的雪之女王！

▲ 无瑕的白色掀起裸妆新风潮，难得一见的创意眼妆带来清纯气质，让好感度暴增！

纯净的白色让双眼笼罩在一片迷幻之中，如同童话中走出的雪之女王。

裸粉色是裸妆的好搭档，在笑肌最高点淡扫一层，伪装天然红晕毫不费力！

和腮红同色的裸粉唇彩，带来清新的视觉感，让你的"天然美"美得毫无瑕疵。

白色系妆容步骤分解

1 用指腹蘸取珍珠白色的眼影为上眼皮铺底，手指余温让妆容更服帖。

2 从眼中的位置用灰色眼影慢慢向眼尾晕染直至呈现一个小三角区。

3 用小号眼影刷蘸取白色眼影在眼头处打亮。

4 眼睛稍微往下望，尽可能地靠近睫毛根部画出眼线。

5 用白色眼线笔在下眼睑眼头处画出一条白色的眼线，延长眼角。

6 在颧骨靠后的部位用大号腮红刷刷上橘色腮红。

7 在靠近眼尾的脸颊旁打上高光让肤质看起来更有光泽。

8 用唇刷蘸取裸色唇膏为双唇均匀上色。

彩妆单品推荐

Dior
玫瑰胭脂粉盒

Shiseido
炫彩眼影膏

Stylenanda
裸粉色口红

重点眼妆用色分析

珍珠白

珍珠白眼影可以让美眸更加清亮透澈，是打造雪之女王的根本。

浅灰色

深灰色能够避免珍珠白太多而造成的眼睛水肿错觉。

灰棕色

灰棕色的眼线能够让眼妆的白灰色调子和谐温暖起来。

要点 1: 手指是上浅色眼影最好的工具

手指是极好的上妆工具，无名指力度适中，而指腹的温度更成为了天然加温器，帮助色素粒子更好地帖服于肌肤表面，不仅助于上色还能保留彩妆产品的原始质感，所以类似珍珠白这种还带珠光的眼影最好用手指上妆。

要点 2: 白色眼妆的黄金比例

白色眼妆最大的难度就在于怎么画才能让眼睛深邃而有神采，上眼睑的白色占眼皮的 2/3，而深色眼影从眼尾开始计算晕染到眼皮面积的 1/3 大小最合适，这样眼睛就会大而有神又不会显得妆容邋遢。

要点 3: 色调要一致

如果是纯色调的眼妆就可以选择饱和度高的眼影搭配，这样眼妆色彩才会和谐饱满，而像白色眼妆这样的色调需要降一个调子才能够突出眼睛的深邃感，而不是一味地使用棕色这样的纯色调，灰棕色是更好的选择。

白色系妆容的风格变奏

风格
1

雪之精灵妆容

　　下雪的季节就算你气色再好，外出时还是会被冻到面无血色。选择自然色系的珊瑚色腮红能够遮掩惨白肤色，搭配大红色的唇彩以及明亮的白雪眼妆让你像雪地里的精灵一样精神饱满。

风格
2

白雪公主妆容

　　温柔娇嫩的玫瑰粉唇衬托出你白皙滋润的肌肤，而纯白的眼妆显得你的眼睛清澈透明，只需再搭配能够修容的裸色系腮红即可打造纯洁可爱的妆容。

风格
3

无暇雪肌妆容

　　白色很适合打造无暇的裸妆，白色眼妆显得眼睛清透明亮，而米黄色的腮红会让肤色自然而有光泽，搭配衬托肤色的蜜桃色唇彩，整个妆容简约干净，会让你的肌肤如白雪一样通透有质感。

银色 打造泪眼迷蒙的韩系妆容

还在羡慕韩剧中的平凡女主有帅气的欧巴疼惜吗？偷师热门韩剧，汲取彩妆灵感，用神奇的银色眼影妆点双眸，制造天然泪感。此时此刻，你就是最惹人怜惜的女主角！

▲闪亮银色突出眼神清澈，让妆容散发出迷人的光泽，给寒冷的冬季带来完美的视觉呈现。

由眼头开始，用银色眼影精心勾勒眼部轮廓，呈现出如同泪眼般的天真无辜，让人忍不住切疼惜。

椭圆状斜刷腮红，让肉肉脸变得更可爱。讨巧的裸橘色，让好感度倍增！

伪装素颜的裸色唇彩大受欢迎！先以裸色唇彩打底，再叠加浅橘色唇彩，让双唇美得更动人。

银色系妆容步骤分解

1 用中号的眼影刷蘸取银白色眼影刷在上眼皮上。

2 用咖啡色眼线笔画出与眼褶宽度相当的眼线在眼尾结束。

3 然后从下眼尾开始用咖啡色眼线笔由浓到淡晕染到眼中。

4 先用手揉下假睫毛,让它更服帖,用镊子将自然纤长型的假睫毛均匀粘上。

5 下假睫毛剪掉一半,只需从眼尾贴到眼中的位置即可。

6 用带有闪粉的银白色眼线液在眼头画出泪光的效果。

7 在鼻梁、下巴、颧骨偏上方处扫上白色高光粉,让五官更立体。

8 用唇刷将桃橘色唇膏均匀涂抹双唇,再涂上一层护唇油即可。

彩妆单品推荐

NYX Love In Paris
九色眼影

Junko Eyelash NO.7
甜心款假睫毛

Chanel
香奈儿炫亮魅力
丝绒唇膏

重点眼妆用色分析

银白色

银色眼影涂满眼窝可以适当改善眼部水肿的状况。

银色

银白色带闪粉的眼线液是打造泪眼迷蒙的关键点。

咖啡色

咖啡色眼线可以放大双眼并且改善细小的眼型。

要点 1: 银色眼影要厚薄有度

　　银色眼影要选择没有珠光的、颗粒细致的眼影，可以用手指或者眼影刷上色，但要注意用力均匀不能太厚，否则反而会显得眼睛水肿无神。

要点 2: 眼头小细节成就大效果

　　眼头的银白色眼线液可以沿着眼角再往前画点，在眼角处形成"鹰钩"的形状，这样不仅能够扩宽眼角，还可以让泪眼妆更加迷蒙动人。

要点 3: 泪眼妆的眼线色彩抉择

　　泪眼妆所要达到的目的除了让双眼更加明亮放大，还要给别人一种楚楚可怜的印象。所以在选择眼线笔色彩的时候最好可以选择深色系的偏红色调，咖啡、红棕色等都是很好的选择。

银色系妆容的风格变奏

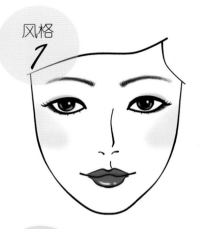

风格
1

摩登时代妆容

女强人可以不是千篇一律的淡裸妆容，红唇加质感银色眼妆搭配尖头高跟鞋以及简洁剪裁的西装，气场强大又不失摩登风范。

风格
2

娇嫩水滴妆容

银色的眼妆让肌肤更有光泽，眼头用银白色来提亮双眸，仿佛眼中一颗眼泪在打转一样水灵。搭配淡雅的腮红以及蔷薇粉色的唇彩，让你的肌肤娇嫩到似乎可以捏出水来。

风格
3

酷感水银妆容

银色的眼妆透出闪闪的水银光泽，选择橘色的腮红以横向涂抹的方式扫过脸颊，简单的"一"字形状搭配裸橘色的唇彩可以轻松打造酷感十足的形象。

酒红 成就气度非凡的女王

同时能满足抢眼和有气场两个条件，并且在冬日流行的颜色，答案只有一个——酒红色！想要释放内心"女王"的一面，不一定非得浓墨重彩，气质非凡的酒红就是最好选择！

▲ 存在感十足的酒红给犀利双眼带来女王般的气场，烈焰红唇则牢牢征服所有人的心。

深浅渐变的酒红眼影让双眼更加深邃，搭配酷感十足黑色眼线，让眼妆气势非凡。

直入颧骨的半圆式腮红，让肉脸瞬间看起来变小一号。百搭的橘色，带来饱满好气色。

如同烈焰燃烧的饱满红唇让人眼前一亮，无论出席什么样的场合都能气场十足！

酒红色妆容步骤分解

1 用银白色眼影铺满整个眼窝，注意力道均匀。

2 用小号眼影棒在眼尾处晕染成小三角形。

3 蘸取玫红色的眼影在眼中柔和酒红色与银白色眼影。

4 在下眼尾处用深紫色眼影晕染眼尾，到下眼中的位置逐渐淡化。

5 眼睛往下望沿着睫毛根部画出内眼线，在眼尾处3毫米收笔。

6 选择浓密魅惑型的假睫毛进行黏合，下睫毛也一样。

7 用银白色眼影点亮眼头，增加眼睛光泽感。

8 用正红色的哑光唇膏为双唇均匀地涂上颜色。

彩妆单品推荐

Etude House
10色秋冬限量眼影

Armani
清透修颜液

Soffio
魅色丰盈口红

重点眼妆用色分析

银白色

眼头银白色眼线点亮让双眸电力十足。

深紫色

精致的深紫色下眼线可以增加眼神魅力指数。

酒红色

酒红色眼影晕染的眼尾有着增大眼睛的视觉效果。

要点 1: 睫毛决定气度

　　粗细交叉的浓厚型黑色假睫毛可以让双眼深邃有神,粗细错落的节奏感则让眼睛十分有灵动感,让与你对视的人都能感受到你强大的气场。这是纤细型的自然睫毛以及浓密型的超长睫毛都达不到的效果。

要点 2: 相近色系让眼妆更柔和

　　都属于暖暗色系的酒红色与深紫色互相搭配,不仅非常柔和而且这两种色彩都非常有女人味,这两种色彩撞在一起则显示出惊人的魅力以及非凡的气度。

要点 3: 棕色平眉更显气质

　　粗细浓淡相宜的棕色平眉更适合酒红色的眼妆,它相对于粗眉没有那么气场强大与中性,又相对于柳叶眉没有那么秀美,恰是这样的平眉能够搭配深邃的酒红色眼妆,突显女王气质。

酒红色妆容的风格变奏

风格 1

古典酒会妆容

复古的时尚风潮一直在延续，如果出席一场鸡尾酒会酒红色的眼妆一定是首选，用玫红色的唇彩以及玫瑰色的腮红来衬托气色，穿上优雅礼服的你一定会成为酒会上的亮点。

风格 2

花样淑女妆容

酒红、深紫以及玫红都是极度富有女人味的妆容，它们不像大红、橘黄那样耀眼、显得活力十足，这些内敛的颜色更适合打造一个如花一样柔美的淑女。

风格 3

暖心美人妆容

寒冷的冬季我们应该大胆摒弃大地色系，多选择暖色系的妆容来温暖人心。酒红色系的眼妆以及桃粉色的口红和米色的腮红搭配在一起足以在凛冬让人暖意十足。

宝蓝 古典高贵的名媛系妆容

　　宝蓝的贵族气息和奢华色感，让它成为了古典式高贵的代名词。还在为名媛般的妆容拿不准眼影色彩？抛却犹豫不决，跟紧彩妆潮流，让气质宝蓝带来冬日惊喜。

▲ 无论是出席派对还是参加晚宴，高贵的宝蓝彩妆都能让你熠熠夺目，轻松成为众人焦点。

宝蓝色猫眼式包围眼影，让双眼更加醒目深邃，让你轻松拥有赫本般的优雅气质。

如同蜜糖般的质感，与肤色完美贴合，更显娇艳好气色，轻松打造莹亮的迷人双颊。

玫红是搭配宝蓝的绝佳选择！充满浓浓女人味的韩式花瓣唇，让双唇更显娇艳。

宝蓝色妆容步骤分解

1 用大号眼影笔蘸取银白色眼影刷于眼窝上。

2 选择小号的眼影笔给上眼皮眼褶处上一层灰蓝色眼影。

3 用宝蓝色的眼线笔，画出小于眼褶一半的眼线并在尾部适当拉长。

4 从眼尾开始画由粗变细往眼头画眼线，注意眼尾处上下两条眼线分开。

5 选择浓密卷翘型睫毛膏，将上下睫毛都刷好。

6 用大号腮红刷蘸取玫红色腮红，刷扫在颧骨部位。

7 给鼻梁骨上打高光，让鼻梁更笔直挺拔，五官更立体。

8 给脸颊上方打上高光，淡化脸部线条，提亮肤色，再涂上玫红色的唇彩即可。

彩妆单品推荐

Ysl 果漾水润唇膏

Dior
迪奥亮妍腮红盘

Nars 六色眼影盘

重点眼妆用色分析

蓝灰色

蓝灰色可以收敛水肿的双眼，提亮黯沉的肌肤。

宝蓝色

宝蓝色眼影让眼神魅惑度直升，打造迷离双眼。

黑色

黑色眼线虽细但也发挥着它改善眼形的效果。

要点 1: 蓝灰色眼影无须太多

因为有银白色眼影打底，所以蓝灰色眼影只需刷到超过上眼皮的眼褶 2~3 毫米宽即可，这样的宽度恰好可以增加眼妆的层次感又不会盖过银白色眼影，让肌肤黯沉。

要点 2: 宝蓝色眼影的选择

选择带有珠光的宝蓝色眼影膏是最好的，因为它不容易脱妆也能够增加眼睛的光泽度，看上去更为高贵典雅，出席晚会就算灯光再弱也能让人关注到你闪亮的双眼。

要点 3: 黑色眼线要求质量

虽然黑色眼线很小很细，但是在画它的时候要注意呼吸的把控，不能画得歪歪扭扭也不能在睫毛根部留白，这样的小细节可以看出你是否是一个细心的人。

宝蓝色妆容的风格变奏

风格
1

迷幻星空妆容

　　带有钻石般光泽的宝石蓝色眼影让你的双眼犹如黑夜的星星一样闪耀，搭配淡橘色的唇彩以及淡淡的害羞粉腮红，就像眼睛会说话的芭比一样迷幻人心。

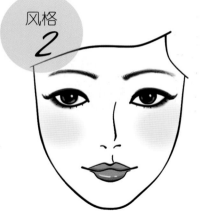

风格
2

蓝色魅影妆容

　　高贵的宝石蓝眼影打造深邃迷离的双眼，它与能够突出肌肤光泽的米色腮红相得益彰，再加上典雅的蔷薇粉唇，这样的魅力妆容不出现在宴会上太可惜了。

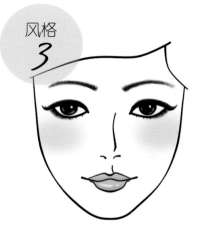

风格
3

幽蓝公主妆容

　　颇有质感的宝石蓝眼妆不仅能够增大双眼还能打造迷蒙的泪眼，裸粉色的点式腮红让你的脸型更完美，搭配粉红色的唇显得肌肤更加白皙通透。

深紫 塑造气场强大的渐层式紫色妆容

　　冬季正是玩味魅惑的好时节，游走在彩妆潮流前列的达人，万万不能错过最神秘的颜色——深紫！层层渐变式的渲染，打造出丰富的眼妆层次感，在不经意间悄悄俘获他的心！

▲紫色向来被认定为最浪漫优雅的色调，由于分量感与气场十足，整个妆容散发出一股冷艳的美态。

浪漫的紫色眼妆，融合橘色的温暖，幻化出丰富的层次感，让双眼神气十足。

和紫色绝配的粉色腮红，瞬间提亮暗沉肤色，让健康的好气色自然透出来。

担心裸唇过于平淡？试试百搭的粉色唇彩吧！只需将唇部中央的颜色重点突出，就能打造最自然的光感美唇。

深紫色妆容步骤分解

1 用眼影棒蘸取珊瑚橘色眼影在眼窝进行刷扫。

2 用香芋紫在眼中凸起处晕染，打造立体双眸。

3 选用紫色的眼影分别晕染上眼褶以及下眼尾后半部分。

4 再用紫红色眼影在下眼睑中部晕染，注意不要连接眼头和眼尾。

5 搭配紫色的眼线笔画出眼线，并在尾部稍微拉长眼尾。

6 向下看时，将上睫毛对准睫毛夹，把上睫毛夹翘。

7 选择自然浓密型的睫毛膏将夹好的睫毛打理整齐。

8 给脸部扫上腮红，唇部涂上深层滋润型的口红。

彩妆单品推荐

Lancome
玫瑰新胭脂腮红

Burberry 自然唇彩

Sephora 粉色甜心彩盘

重点眼妆用色分析

珊瑚橘

珊瑚色眼影打底可以去掉肌肤黯沉，也可柔和深紫色眼影。

深紫色

深紫色眼线轻松塑造电力十足的魅力大眼。

紫红色

紫红色下眼影让眼珠更明亮，又能透露女人味。

要点 1: 如何晕染让渐变更自然

想让渐变自然首先得用色不能过渡太快，先用珊瑚色打底不仅可以掩饰眼周黯沉，还可以融合香芋紫色和深紫色，越靠近睫毛的地方颜色越深一些，层层晕染就可以达到自然的效果。

要点 2: 紫红色眼影的界限

紫红色眼影要用得妙才能够让紫色渐变眼妆更精美，在画的时候一定要注意它的界限就是下眼睑中部，比眼珠直径略长 1~2 毫米即可，切勿一条眼影框完下眼睑。

要点 3: 美瞳颜色也很重要

漂亮的眼妆如有美瞳的加入则会如虎添翼，深紫色的眼妆不能搭配颜色太亮眼的蓝色、绿色等美瞳，用琥珀色、灰色等内敛的色彩搭配深紫色眼妆更能增加电力指数。

深紫色系妆容的风格变奏

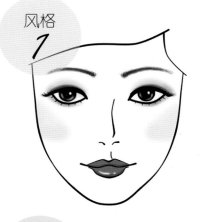

风格 *1*

梦幻圣诞夜妆容

　　浪漫的圣诞节聚餐一定少不了圣诞红唇，用紫色眼妆可以打造迷离的梦幻眼，裸橘色的勾式腮红可以增加亲切感，以这样的妆容出席圣诞夜聚餐一定会收到不少的礼物哦。

风格 *2*

紫色妖姬妆容

　　深紫色的眼妆与紫红色的口红相搭配，搭配气场强大的"V"型腮红，学会这样精致的妆容无需太华丽的礼服，你就已经成为瞩目的焦点。

风格 *3*

午后巴黎妆容

　　紫色是最为浪漫的颜色，用淡淡的裸橘色腮红以及唇彩突出紫色眼妆，不仅像冬日暖阳一样能够温暖人心，看到眼影的色彩仿佛置身于法国的薰衣草花海一样。

黑色 电力满格的朋克眼妆

黑色是当之无愧的"朋克色"！精心勾勒的黑色眼线在眼尾扩大、上扬，如同猫眼般性感诱人，将魅惑和酷感同时实现。眼头隐蔽的银色眼影不动声色，悄悄为电眼立下汗马功劳。

▲ 电力满格的黑色猫眼妆朋克感十足，诱惑复古红唇让性感步步紧逼，引爆全场焦点！

以灰色眼影打底，黑色眼线勾勒出猫眼形状，不仅能巧妙放大双眼，还能制造朋克女郎的炫酷感。

由颧骨逼近太阳穴的腮红范围，带来与平日不一样的犀利强势，让朋克范儿的妆感更加鲜明。

带有复古感的西瓜红唇妆，让冬日的性感喷薄而出，饱满红唇成为整个妆容的焦点。

黑色系妆容步骤分解

1 用带珠光的灰色眼影用大号眼影棒刷扫一层眼影。

2 用深一色号的灰色眼影在眼头处加深阴影，打造深邃感。

3 沿着睫毛根部画出眼线，从眼头由细到粗延伸至眼尾。

4 眼线笔画到眼尾时将其向上勾，形成一个空心的小三角。

5 在眼头处用眼线笔画出半框的眼角，制造开眼角的效果。

6 用浓密型睫毛膏沿着睫毛根部向上刷扫睫毛膏。

7 刷好睫毛膏后，预热电动睫毛棒，从根部开始电翘睫毛。

8 用橘红色的腮红和唇膏分别为脸颊以及唇部上色。

彩妆单品推荐

Make up for ever
防水炫色眼影膏

Topshop 水润橙色唇膏

Love & Beauty 彩妆盒

重点眼妆用色分析

浅灰色

浅灰色的眼影打底是制造金属
光泽的酷感第一步。

深灰色

深灰色的眼影晕染让黑色眼线
不那么锋利。

黑色

黑色回勾眼线是朋克电眼的心机
小亮点。

要点 1: 有金属感的浅灰色眼影最好

　　想要拥有电力满格的眼妆，闪亮是第一步。选择拥有金属质感光泽的浅灰色眼影比珍珠白或者
米黄色的眼影更接近效果，用手指上妆也让眼影更服帖。

要点 2: 深灰色眼影无需太多

　　朋克眼妆重点在于眼线的形状，如果深灰色眼影面积太大就会让眼线形状虚化从而弱化眼妆的
主题，达不到预想的效果，最合理的画法就是沿着睫毛根部晕染至眼褶处即可。

要点 3: 黑色眼线不要框死

　　全框的眼线能够很好地改变眼形，但是看上去就像不透气的窗口一样生硬。在眼头与眼中之间
的位置留出一点补上高光，不仅可以增亮双眸还能够让眼妆透气更有活力。

黑色系妆容的风格变奏

风格 *1*

闪耀猫眼妆容

黑色且具有光泽感的朋克妆是派对妆容的不败之选。饱和红唇的唇型特别难描绘，只要一点不对称就很明显，在此刻意使用模糊唇线的做法，可让妆效更自然，看起来也没有明显唇线那样成熟复古。

风格 *2*

潮味美少女妆容

美少女风最大的特点就是色彩。朋克感十足的眼妆足以让双眼够大够亮，搭配荧光紫色的唇彩以及"V"型的腮红，潮味十足的美少女妆容就完成了。

风格 *3*

俏皮猫咪妆容

以猫眼妆改编的黑色系眼妆搭配裸色腮红，能够显示出你年轻娇嫩的肌肤，而桃橘色的口红则体现出你的青春活力，这样一个充满朝气的妆容无论到哪里都会很受欢迎。

年终盛典 突出存在感的瞩目妆容

忙碌了一整年，终于可以在年终狠狠放松。面对十八般武艺样样精通的同事，想要不动声色地兀自出彩，就靠闪亮众人的瞩目妆容。迷人精致的细眼线，呼应高贵金属色眼影，魅力到底才是硬道理！

要点 1 黑色眼线虽然够酷，但出现频率很高。想要在年会上与众不同，不妨试试迷人的烟灰紫！精致的上扬画法搭配卷翘的假睫毛，勾勒出眼部迷人轮廓，在不动声色之余让双眸电力满格。

要点 2 寒冷萧瑟的冬季，如何增加脸部的暖意？秘诀就是——使用暖色系的眼影！将橘色眼影涂抹在眼头，再叠加一层宝蓝色和灰色混搭的眼影，整个妆容在酷感之余不失淡淡暖意。

要点 3 总是画不好红唇妆？掌握技巧是关键！单一的红唇容易显得老气，让你看上去立马老十岁。在涂抹第一层红色红唇后，加点浆果色唇膏进行中和，就能打造出魅力一百分的诱人唇色。

独特的烟灰紫打造精致电眼，性感红唇聚集全场焦点，年会女王就此闪亮登场！

场合妆容步骤分解

1 用橘色眼影涂抹眼头至瞳孔上方的部位，帮助眼头提亮。

2 用眼影刷蘸取宝蓝色的眼影，均匀涂抹瞳孔至眼尾上方的部位。

3 用眼线笔蘸取烟灰紫的眼线膏，沿着睫毛根部描绘出内眼线。

4 用镊子夹取浓密型假睫毛，在胶水半干时将其贴稳于睫毛根部。

5 用指腹蘸取滋润型的润唇膏，来回涂抹，为唇部进行打底。

6 打底完成后，用哑光的正红色唇膏在双唇薄薄涂上一层。

7 用浆果色唇膏在唇部中央加重颜色，再用唇刷往两侧刷均匀。

8 用红色唇彩在唇部薄薄涂上一层，让双唇显得更加饱满。

彩妆单品推荐

Clinique 高感超炫唇膏

Blistex 润唇膏

Lancome 四色眼影

公司年会 超吸人缘的正能量妆容

▲ 创意的双眼线打破黑色烟熏的陈旧，大热的减龄咬唇妆让人缘好上加好！

公司年会对于白领而言，正如开幕红毯之于女明星，优雅之余风头尽显才是王道！想要不过不失，不如尝试大热的橘色腮红，配合迷人大眼妆，好人缘纷至沓来，想不受欢迎都难！

要点 1　黑色的眼线可以打造深邃迷蒙的大眼，眼尾双飞眼线角度不需要太高，这样会让人看上去过于妖媚不够稳重，平稳地慢慢向上延伸一点就能打造沉稳内敛的电眼。

要点 2　橘色腮红不仅能够提亮肤色，还能够达到收敛效果，让你的脸蛋不需要头发的遮挡就能够拥有让同事都羡慕的巴掌脸，配合勾式腮红更可以在达到瘦脸效果的同时增加气场。

要点 3　玫红色的唇彩让你女人味十足，它不会像大红色那样高贵冷艳，让人觉得难以接近，相反会让你人缘大增，令同事能够在举手投足间都能够感受到你亲切温柔的一面。

场合妆容步骤分解

1 用卡其色眉笔画出粗细适中的眉形，补齐缺失的眉毛。

2 用眼影刷蘸取卡其色的眼影，在上眼睑处薄薄刷上一层。

3 用黑色的眼线笔在上眼睑依次画出一长一短的双层眼线。

4 用镊子夹住3~5丛剪短的假睫毛，粘上胶水后贴于下眼睑。

5 用中号腮红刷沿颧骨靠后的地方均匀刷上一层橘色的腮红。

6 嘴巴微张，选择蔷薇粉唇膏在双唇薄薄涂上一层。

7 选择玫红色的唇膏，在唇部中央均匀涂抹，加重颜色。

8 用玫红色唇彩刷扫唇部中央，让双唇看起来更加饱满。

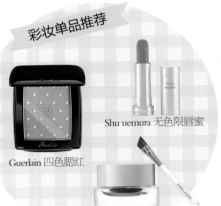

彩妆单品推荐

Guerlain 四色腮红

Shu uemura 无色限唇蜜

Estee Lauder 深邃眼线膏

圣诞派对 缤纷多彩打造五官欢乐颂

在甜蜜的情人节尚未到来前，寒冬中最让人期待的莫过于华丽的圣诞节。是时候释放心底的精灵本色，装点上缤纷的色彩。那些平时不敢尝试的"潮人"妆色，就让它们为五官喝彩！

要点 1 还在苦恼眼妆的单调乏味？缤纷的三色眼影不容错过！桃粉、柠檬黄、墨绿齐双眸，再加上闪亮的银色眼线，无需太多技巧，轻松搞定最时尚的创意眼妆。

要点 2 各式各样的亮点是打造彩妆亮点的好帮手，在眼部下方粘贴些许亮片进行装饰，能给整个妆容带来创意美感，即使没有华服傍身照样能聚焦焦点。

要点 3 迈入冬季，能带来温暖感的橘色唇膏持续火热。先用橘色唇膏打底，再叠加一层金色唇彩，闪亮出众和暖意融融一举两得！

▲ 缤纷多彩的眼影让节日的氛围更浓厚，点睛的亮片装饰让你成为派对上的主角！

场合妆容步骤分解

1 首先用淡粉色的高光涂抹鼻梁处，增强脸部立体感。

2 用中号腮红刷沿颧骨靠后的地方刷上一层橘色腮红。

3 用眼影刷蘸取桃粉色的眼影，轻刷在眼头部位。

4 用眼影刷蘸取柠檬黄色的眼影，轻扫在眼部中央。

5 用眼影刷蘸取墨绿色的眼影，轻扫在眼尾部位。

6 用黑色眼线笔沿睫毛根部画出线条纤细的内眼线。

7 用橘色的哑光唇膏从唇部中央往两侧均匀上色。

8 用唇刷蘸取金色唇彩轻轻刷扫，让双唇更闪亮。

彩妆单品推荐

Dior 魅惑唇彩美唇蜜

Bobbi Brown
璀璨八色眼影

Benefi 阳光天使腮红

拜访朋友 多色并用突出年轻肌色

拜访许久未见的姐妹淘，无论是出门血拼，寻觅美食，抑或观看电影，和心情一起呼应的好气色妆容万万不能少。妆点平时不敢用的活泼色彩，年轻就是青春无敌！

要点 1　双色眼影是时下大热的眼妆，草绿和天蓝的组合，尽显青春活力本色。适中的渲染范围，不会显得太过张扬高调，是拜访朋友，让人眼前一亮的好配色！

要点 2　眉妆是衬托明亮眼妆的关键，万万马虎不得。在使用染眉膏前事先用同色眉笔勾勒出想要的眉型，然后再进行染色，能让眉型变得更清晰，也无需担心会渲染过界。

要点 3　橘色腮红非常容易打造出健康的肤色，适合对肤色不满意的女生使用。如果是偏深的小麦色，用橘色腮红能够帮助调整肤色，营造出红润的自然光泽。

▲ 橘色系腮红和唇膏，让人透出满满的活力。双色眼影搭配，拜访朋友让你自信加倍！

场合妆容步骤分解

1 用棕色眉笔画出眉毛的初步轮廓，补齐缺失的眉尾。

2 用棕色染眉笔沿着眉头均匀刷扫两侧眉毛，进行上色。

3 用中号腮红刷沿颧骨靠后的部位轻扫一层橘色的腮红。

4 在眼头延伸至瞳孔上方的部位，刷上一层草绿色眼影。

5 眼影刷蘸取蓝色眼影，刷扫在瞳孔至眼尾部位的空白处。

6 用黑色眼线笔沿着睫毛根部画出线条纤细的内眼线。

7 用镊子夹取浓密型假睫毛，然后在胶水半干时贴稳于睫毛根部。

8 用唇刷蘸取橘色的唇膏，由唇部中央往两侧均匀涂抹双唇即可。

彩妆单品推荐

Benifit 自然派浓密假睫毛

Dior 五色眼影

Dior 斑斓单色腮红

冬季妆容小问答

问：天气渐冷，粉底越上越厚，如何能让底妆更轻薄些？

答：使用工具辅助上粉底！比起用指腹涂抹带来的不均，借助工具的力量上粉底不仅更均匀，而且更轻薄。上粉底时可以用海绵从脸颊由内向外按压延伸，额头向上延伸至发际，下巴向下延伸至脖子，一定要以轻柔按压的方式进行。如果在进行粉底拍压时出现脱皮现象，表示肌肤太干，可以喷上保湿喷雾停留 30 秒后再进行。

问：冬季的聚会一场接着一场，如何迅速改妆赶场？

答：眼线是最好的换妆妙法！眼线的颜色越来越多，你可以星期一至星期五都描绘不同颜色的眼线上班，代表你不同的心情。遇到周末聚会赶场，你也可以不需要画眼影就直接画眼线，一条犀利的彩色眼线一定能让你的回头率飙升！另外，一定要记得先用膏状或乳状的眼影来做打底，眼部的彩妆才会饱满并不容易脱妆。

问：大地色往往让人觉得气色不佳，该如何拯救冬季妆容的暗淡感？

答：借助亮粉进行提亮！在冬季，我们不需要大片的擦亮粉，少而亮地打造重点才是关键。可以使用凝胶状或粉末状的亮粉，把它涂抹在想要提亮的部位就可以了。需要提醒的是，亮粉在眼部所占的面积应该是越小越好，最时髦的方法是在眼线上方再画一条细细的亮线，黯淡的眼妆就此变得闪闪夺目。

问：冬季眼睛容易冷而无神，有什么诀窍可以迅速打造魅力双眼？

答：假睫毛和睫毛膏齐上阵！寒冷的冬天给我们的感觉总是太过萧索，让人打不起精神来。你可以选择适合自己眼型的假睫毛，在佩戴的时候注意和自己睫毛的卷起弧度保持一致。然后再用睫毛膏刷上一层，加强真实感，这样就能够轻松打造出一双卷翘有神的双眼啦！

问：冬季彩妆要选什么样的腮红，才能制造浓浓的温暖感？

答：把粉状腮红换成腮红膏！腮红膏是熟女们手中必备的法宝，丝滑的触感给肌肤以温暖享受。但是寒冷的冬季，只要你需要，也可以拥有一支腮红膏。在粉底之后蜜粉之前使用，会有温暖的红晕从内而外地散发出来。使用腮红膏后一定要用蜜粉定妆，否则很容易糊妆。

问：在冬季里化妆，唇膏和唇彩选择哪个才应时又应景？

答：首选哑光的滋润唇膏！果冻质地和亮泽感十足的唇彩在其他季节中都是绝佳的选择，可以迅速打造甜美迷人的水润感！但在冬季，这样的唇妆会给人冰凉的感觉，在室外不宜使用。哑光色泽的唇膏更适合冬季，最好选择带有滋润功效的，在预防唇纹的同时还能制造暖意融融的光泽感。

问：肌肤经常会因毛孔堵塞出现粉刺，滋润型粉底会不会加重堵塞现象？

答：肌肤出现粉刺与卸妆不彻底或生活习惯不当等多种原因有关，根源往往不在于产品本身。选择滋润型粉底并不会带来厚重感，不会引起毛孔堵塞，因为专业的底妆有很好的轻薄质感，乳霜质地更是最佳选择。不过，即使再轻薄的粉底，卸妆时也一定要彻底卸净。

问：冬季皮肤太干，粉底总是浮粉怎么办？

答：想要让粉底更服帖，可以充分利用你手掌的温度。上完粉底后，把双手搓热，然后利用带有温度的手掌轮流包裹两颊、额头和下巴。拥有了体温的粉底延展性增加，能更好地帖合皮肤，而且粉底中起保湿作用也油分也被激活，底妆就能浑然天成，再也不用担心浮粉啦！

问：夏天使用的粉底还有剩余，能继续用到冬季吗？

答：虽然彩妆品的保质期较长，夏季开封的粉底到了冬季还没过期。但是冬季肤色往往要比夏日更白皙些，为了上妆后的肤色看起来更自然，建议选择比夏季略深一点的粉底。尤其是脸颊侧边的皮肤，如果选择不是太白的粉底，会让整个脸部看起来更圆润。

问：眼下干纹在冬季越发明显，怎么做才能巧妙掩盖？

答：涂抹眼霜后，利用指腹上剩余的量轻压眼头，当成面膜一样敷着，可以帮助改善眼部干燥现象。上妆时，不妨涂抹少量珠光饰底乳，利用光线折射的原理，可以从视觉上令干纹变得模糊。再用质地湿润的肤色遮瑕膏轻拍眼周，淡化已有的干纹。

问：感觉粉底液不够滋润，暂时没时间换一瓶怎么办？

答：兼具保湿滋养功效的粉底是冬季的底妆首选。如果手边没有足够滋润的粉底，而且暂时没有时间换一瓶的话，可以在粉底液中挤入 1~2 滴补水的乳液，混合均匀后，再涂抹于全脸进行打底。这么做，不仅能给皮肤提供更好的滋养，还能让底妆变得更服帖。

问：嘴巴干巴巴的没水分，如何画唇妆才显色？

答：先涂上一层哑光的滋润唇膏，用指腹轻轻按摩双唇，使唇膏的颜色紧紧贴于唇部。然后再涂抹一层同色的唇彩，会令原有的唇色更加有光泽。如果嘴唇干裂或脱皮时，先用温热的毛巾热敷，再用棉签轻轻擦掉，然后再涂抹唇膏和唇彩，千万不要粗暴地直接撕掉死皮。